翻轉學

翻轉學

The Deadline Effect

期限效應

逆轉死線帶來的焦慮和壓力，
成爲讓你更高效、更專注的助力

克里斯多夫・考克斯 Christopher Cox—著　吳宜蓁—譯

獻給喬琪亞

CONTENTS 目錄

前言

二〇〇六年，美國人口普查工作人員伊莉莎白・馬汀（Elizabeth Martin）設計了一項實驗。根據憲法規定，每隔十年，聯邦政府就要統計各州的人口數量，這項任務非常令人頭痛。大部分的人口普查是以郵件進行，而事實證明，除了公民責任感之外，想讓人們回答這些生活中的細節問題，是一件非常困難的事。

如果你家沒有回覆這份郵寄問卷，政府會派一個「調查員」到你家去，面對面進行人口普查。然而，這個方式成本高昂，需要動用成千上萬名員工，去敲數百萬扇門。馬汀想知道她是否能做些什麼，來提高二〇一〇年人口普查的郵件回覆率，並且不用出動那麼多調查員。即使只有改善一點點，也會產生極大的差異：每增加一百分點的家庭回應，政府就能省下七千五百萬美元（約新台幣二十三億）的支出。

人口普查局已經試過各式各樣的方法，希望民眾填寫這些表格。他們調整過問卷的設計、增加對不回應者的處罰警告，並發送了一系列提醒明信片。這些都有適度的效果。但是馬汀嘗試了一種更簡單的方法：縮短人們回應的時間。她將同樣截止日期（二〇〇六年四月十三日）的調查問卷寄送給兩組人，但是其中一組比另一組晚一星期寄出。

她把問卷寄給分布於五十個州的兩萬八千多個家庭，然後等待表格回來。執行之後，馬汀發現她的預感相當準確：第二組——填寫表格的時間少了七天的那一組，回覆率比較高，多了兩個百分點。更重要的是，對一個出於工作需要而特別在意資料品質的人口普查員來說，期限較短的那一組，回答中的錯誤比較少。如果擴大實施到全國範圍，人口普查資料的可靠性將顯著提高。當然，那兩個百分點還有一點很重要——節省了一・五億美元。這全都來自於**調整截止期限**。

提前截止日

模擬人口普查的結果與直覺相悖，但並沒有讓我感到意外。我自己也做過類似的實驗。有一位名叫約翰的作家受邀為《GQ》撰寫封面故事，而我是《GQ》的執行編輯。我們讓他飛到洛杉磯，採訪饒舌歌手吹牛老爹（Diddy）關於一張傳聞中的新專輯，派了一名攝影師去拍攝吹牛老爹坐在各種豪車裡的影片，還找一個團隊製作幕後短片，並把全部內容賣給廣告商。這次製作的規模很浩大，而其中最重要的部分，就是約翰和我們指派他寫的五千字內容。

約翰這個人以拖稿而聞名。據稱，他為《紐約客》（*The New Yorker*）撰寫的一個案子遲交了好幾年。他是一個絕妙的時尚作家，一個幾乎可以把任何事情（包括，噢，像是採訪一個不太合作的嘻哈傳奇人物）提升到藝術水準的人。前提是，如果你能讓他吐出草稿的話。

我以前和約翰合作過，通常都需要打幾十通電話，發無數封電子郵件，再加上焦慮地等待，才能讓他開始寫作。假如我們計畫把某篇文章發表在二月號的雜誌裡，結果總是無可避免地延到三月、四月，甚至十二月。

但這一次不同：因為這篇文章是四月的封面故事，所以絕對不能延到下一期。如果這篇吹牛老爹的介紹沒有出來，圍繞這篇文章建立起來的整個結構就會崩潰。

所以我騙了約翰。我給了他一個斬釘截鐵、沒有商量餘地的截稿日，是在實際截稿日的前一個星期。約翰幾乎肯定知道我在撒謊，至少有一點點。任何還有理智的編輯都不會把實際的截止日期告訴作家。但他可能認為我想多爭取一、兩天的時間，這是編輯與難搞的作家談判時的標準做法。在這種情況下，訣竅是給他非常少的時間來完成文章，逼他立即開始工作。

約翰在一個共用文件中寫這篇文章，所以我可以看到他的進展。隨著可怕的日期一天天逼近，到截止日期前三天，裡面什麼都沒有。前兩天，還是沒動靜。前一天晚上，終於！出現了一個段落，但接著約翰開始把字詞挪來挪去，不斷調整那六個句子，其他部分沒有任何進展。與此同時，我一直在發送真誠又樂觀的電子郵件，告訴他終點線就在眼前了！最後，我睡著了。

第二天早上，我打開檔案，裡面多了很多內容，有全新的一節。而且，感謝 Google 文件，我可以看到約翰的游標正忙著輸出新單字。我想起劇作家東尼·庫許納（Tony

Kushner）對一位《紐約時報》（*The New York Times*）婚姻誓約專欄的記者，說過他的創作過程：「過了截止日期，我陷入恐慌時，我的工作狀態最好。」

我唯一的遺憾是沒有給約翰更早的截止日期，但那就太貪心了。我們還有一個星期，而約翰已經寫了幾千字。截止日期當天接近傍晚時，他傳訊息給我：「快要完成了。請再給我二十四小時。我不會讓你失望的。」

在假截止日期和實際截止日期之間的某個時刻，我們把要印的內容準備好了。我趕緊把它送到生產部門，交給事實查核員。約翰回到了不寫作的幸福狀態，吹牛老爹坐上他的邁巴赫（Maybach）豪車離開，四月號雜誌按照計劃順利出版了。

我知道截止日期是一種強大的力量，足以突破作家最糟糕的寫作障礙。但是，把截止日期設定得比較早，可以增加實現目標的可能性（這個發現在人口普查局和《GQ》辦公室之外的研究中也得到了證實），讓人大開眼界。從本質上講，它能讓人發揮出相當於全場緊迫逼人的生產力。

期限效應的雙面性

身為一名編輯，我的職責就是關心截止期限。這並不是巧合，這個詞本身就是誕生自出版業。Deadline 最初指的是印刷機上的一條線，超過這條線的內容就印不出來了——不過，這個詞彙其實是從軍方那裡借來的：在南北戰爭期間，Dead-line 是圍繞著柵欄的一條界線，任何囚犯只要超過這條線就會被擊斃。到了二十世紀初期，Deadline 不再指的是戰場上或頁面上的實際限制，而是指一個事件的截止時間。

這個詞彙的概念獲得了廣大的共鳴，就連報紙和雜誌以外的行業也開始使用。它帶有一種緊迫和威脅的感覺，對各種追求利潤和生產力最大化的企業都適用。如果把它和法語中相近的詞「délai」（可以表示截止日期，也可以表示延遲）比較，你就會發現紐約和巴黎人的明顯不同之處。

不過，古希臘人有一個最接近 Deadline 本質的詞。許多人都知道希臘語中表示時間的詞「chronos」，這是亙古不變存在的生命節奏，時間的流動將我們從出生帶到死亡。但還有另一個詞「kairos」，也是表示時間，指的是「合適的時刻、做決定和採取行動的時刻」——拉緊弓，準備射箭。希臘人總是把時間之神柯羅洛斯（Chronos）描繪成老人，而凱伊洛斯（Kairos）的雕像則顯得年輕而活潑。伊索將他描述為禿頭，只有額頭上有一綹頭髮：「如果你從前面抓他，你還有可能抓住他，但若是他移動了，就連朱比特（宙斯）也不能把他拉回來。」

是第二種時間觀念，那些合適的時刻，為截止期限注入了生命。它還包括了兩個觀點，你在本書中都可以找到呼應之處。首先，截止期限是強大的動力——這個神年輕充滿活力。第二，截止期限可以操縱——你可以抓住他，但前提是你知道怎麼做。

第一種觀點的證據相當堅實。幾年前，行為科學家阿莫斯・特沃斯基（Amos Tversky）和艾爾達・夏菲爾（Eldar Shafir）做了一個簡單的實驗。他們給學生一份很長的問卷，只要填完並將問卷繳回給他們，就能拿到五美元（約新臺幣一五〇元）。一組學生有五天的時間完成問卷，另一組則沒有截止期限。結果很明確：需在截止期限內繳回問卷的那一組，有六〇%的人拿到了五美元，而沒有期限的那一組，只有二五%的人完成任務。

二〇一六年，向低收入創業者提供貸款的非營利組織 Kiva，在現實世界中也證實了同樣的原則。Kiva 希望鼓勵更多小企業來申請他們的無息貸款，但這個過程既耗時又困難：借款人必須填寫八頁的文件，包括說明公司財務狀況與商業計畫。上網申請的企業中，只有二〇%完成了所有申請文件。

就在這時，Kiva 決定進行一項測試：他們發送提醒郵件給所有中途放棄申請的人。其中一組收到的電子郵件中，有完成貸款申請的最後期限，另一組則沒有期限。克莉絲坦・柏曼（Kristen Berman）於《科學人》（*Scientific American*）雜誌中撰文介紹了調查結果，並強調這種方法的思考誤區：「如果申請過程需要小企業負責人投入大量時間，那麼加上截止日期，理論上應該會減少申請人數。因為大家就是沒有時間去填寫表格，他們會錯過申請機會。」但事實並非如此。收到截止日期的小企業，完成申請文件的可能性增加了二四%。時間沒有阻礙這些公司，反而是增強了動機。Kiva 因此發放了更多貸款。

截止期限可以鼓勵人做出有成效的行為，但我很遺憾地告訴大家，它們也是有陰暗面的。它們不只是把五美元放進學生口袋的魔法，也會像黑洞一樣吸入時間和能量。問題就在於，在你設定好截止日期後，工作往往就會被推延到逼近截止日期的時候。這種現象有個名字，叫做「期限效應」（Deadline effect）。

經濟學家和賽局理論學者很喜歡討論期限效應，而且通常是在雙方談判的背景之下，例如，工會和企業試著達成一份新合約。兩組人坐在談判桌旁，然後奇怪的事情發生了。正如麻省理工學院的兩位經濟學家在一篇論文中所提到的：「為了防止談判無止盡地拖延，通常會設定一個嚴格的最後期限。但諷刺的是，這種最後期限有時反而會誘使各方推延協議。」期限效應就像是一種詛咒，使運輸工人和城市一直陷入僵局，直到罷工前夕。這就是為什麼很多和解都在法院前的階梯上達成。

研究期限效應的學者們，普遍認為它很不好——雖然強大，但破壞力很強。與雙方有更多時間達成的協議相比，最後一分鐘達成的協議對各方來說通常更糟糕，這與在最後一分鐘匆匆完成的學期論文，比在截止日期前完成並精心修改的論文品質較差，原因是一樣的。

當然，風險甚至可能不只如此。一九九二年，美國國會為了加快批准新處方藥的過程，為食品和藥物管理局（Food and Drug Administration, FDA）的處理流程設定了最後期限。ＦＤＡ很快就累積了大量需要處理的藥物申請，並在期限即將到達前，一下子批准大量申請。

二〇一二年的一項研究發現，那些在期限前通過的藥物，更有可能需要額外的安全警告，也有更高的機率從市場上撤回。研究人員寫道：「在批准截止日期前兩個月內批准的藥物，基於安全性的停藥率，是其他時間批准的同類藥物之六・九二倍。這些藥物上市後，造成數以萬計的額外住院、藥物不良反應和死亡事件。」國會有一個聰明的想法，他們利用最後期限讓ＦＤＡ的行動加快，但他們沒有考慮到後果，因為新規定使ＦＤＡ將決定推到最後一分鐘，才匆忙進行風險評估。

像ＦＤＡ這樣的機構成為期限效應的犧牲品，這種狀況原本可以避免。許多組織已經學會如何應對最後期限帶來的緊迫感，並拋棄所有不重要的廢話。他們都是操縱最後期限的高手，即使時間還很充裕，也能像快要最後一分鐘那樣地完成工作。

本書將講述他們的故事。

人為什麼會拖延？

是時候提到我一直在迴避的一個詞了：「拖延」。在序言之後，我就不會再提起這個主題了，不是因為接下來章節中提到的人都不受拖延的影響，而是因為這本書是關於組織。有效能的組織，特別是我寫到的那些組織，提出了在不改變人類基本心理的情況下戰勝拖延的系統。然而，要理解截止期限的作用，我們就必須理解它不好的那一面。

人們最早使用「拖延」這個詞，是和「善與惡」、「詛咒與救贖」有關。英國菲爾德教區的牧師安東尼・沃克（Anthony Walker）在一六八二年的一次佈道中寫道，拖延是「撒旦最可怕的工具」。不過，沃克指的是特定的拖延：遲遲不肯悔改。幾十年後，偉大的美國復興主義者喬納森・愛德華茲（Jonathan Edwards）再次談到這個話題，他在佈道時說：「當你不知道你的主會在何時降臨，你怎麼可能在某一天，或某一晚，保持絕對的平和與寧靜？如果那時你被發現就像現在這樣尚未悔改，對迎接祂的到來毫無準備，那會有多麼可怕的後果啊！」那篇佈道的題目是「拖延，或依賴未來時間的罪惡和愚蠢」。

今天，我們的憂慮較為世俗，但禍害卻是一樣的。心理學家喬治．安斯利（George Ainslie）將拖延描述為「基本的衝動」，是一種「和時間形狀一樣基本」的人類缺陷。卡爾加里大學教授皮爾斯．史堤爾（Piers Steel）對拖延研究進行的統合分析顯示，多達二○％的成年人（以及五○％的大學生）認為自己是慢性拖延症患者，而且這個問題還在加劇。它的成本也很高：稅務公司 H&R Block 的一項調查分析，由於拖延繳交申報表，我們每年多繳了四．七三億美元的所得稅。

拖延的心理機制很容易理解。拖延並不只是因為人們不喜歡做不愉快的任務：如果單純是一種控制型厭惡情緒，那麼我們根本不會做這件事。問題在於我們有時間不一致性，而且比較傾向於現在：未來的時間越長，我們通常就會越低估成本和回報，這個過程被稱為「雙曲折現／雙曲貼現」（hyperbolic discounting）。不要被專業術語搞迷糊了，這只是表示我們誇張地（雙曲）低估了（折現）未來收益和損失的價值。因此，完成一個專案的滿足感（未來的回報）根本比不上蹺課一天的快樂。同樣地，今天就要抽血的痛苦，可能更甚於六個月後要做體檢。人類並不是唯一遭受這種折磨的種族，實驗證明老鼠寧願選擇延遲但較大的電擊，而不是較小而立即的電擊（我在一篇名為〈鴿子的拖延〉的期刊文章中讀到了這個發現）。

與此相關的是，對於某些我們通常沒有理由推遲的活動，我們往往傾向於高估未來擁有的時間，而導致一些令人意外的結果。在一項名為「愉快體驗拖延」的研究中，蘇珊娜・舒（Suzanne Shu）和阿耶萊特・格尼茲（Ayelet Gneezy）比較了在芝加哥或倫敦待了兩週的遊客，和在這些城市生活了一整年的居民。結果發現遊客們看過的城市景點比當地人還多，因為他們無法欺騙自己說未來還有更多時間可以去參觀。

同樣的時間計算錯誤，也出現在舒和格尼茲另一項實驗的參與者身上。他們發送了一批蛋糕優惠券，其中一批優惠券的使用期限是三週，另一批的期限是兩個月。然後他們對拿到優惠券的人進行調查，發現持有三週券的人當中，只有一半相信他們會使用，而持有兩個月券的人當中，超過三分之二認為他們會使用。事實上，最後回收的三週券是三一％，兩個月券只有微不足道的六％。那九四％沒有兌換蛋糕的人，只是認為他們還有很多時間可以去做這件事。

市面上有一大堆書籍談的都是透過某些有創意的方法，重新安排我們的思維方式，試圖戰勝這些先天的傾向。這些書認為只要有正確的思想框架、正確的口訣、正確的意志力，我們就能終結拖延，愉快地步入嶄新、高產能的生活。不過，還有另一種方法，它重視的不是治癒人類的錯誤，而是透過具體化的方式來強化自律。

在一篇名為〈拖延和延伸意志〉的文章中，約瑟夫．希斯（Joseph Heath）和喬爾．安德森（Joel Anderson）兩位哲學教授討論為何應該把認知理解為大腦、身體和環境之間的相互作用，而不是真空中的神經元放電。他們舉了乘法的例子：很少有人能心算三位數的乘法，但幾乎所有人都能在紙上算出來。他們寫道：「當試圖將人類描述為計算系統時，『人』和『拿著紙筆的人』之間的區別非常大。」

同樣的道理也適用於所有一般認為純粹是心理方面的努力。希斯和安德森寫道：「懂得自我控制的人，通常被認為是有能力行使強大意志力的人，而不是那種不需要運用強大意志力的方式安排自己生活的人。」在這個說法中，自律來自於對我們的行為建立外部制約。奧德修斯（Odysseus）可不是憑藉美德和紀律來克服海妖歌聲的誘惑，他是命令水手把他綁在桅杆上。

希斯和安德森寫道：「在運用內在資源控制拖延方面，我們能做的並不多。但從另一方面來說，當一個人進入某種環境領域，尤其是社會環境時，可運用的策略就沒有那麼受限了。」與其咬牙硬撐著完成這項艱鉅的任務，我們其實可以創造一種結構，幫助自己克服推延繁重工作的自然傾向。

好消息是，我們已經有了一個非常有效的結構可解決意志薄弱的問題，不需要任何航海繩結技巧，就是「截止期限」。

埃瓦里斯特．伽羅瓦的悲劇

最近，我讀到了十九世紀的數學家埃瓦里斯特．伽羅瓦（Évariste Galois）的故事，他短暫而註定失敗的一生，是為工作設定截止日期的極端例子。

從很小的時候起，伽羅瓦就展現出過人的才華。他在群論（代數的一個分支）方面的創新，即亨利·龐加萊（Henri Poincaré）所描述的「數學的整體……簡化到純粹的形式」，讓數學家忙碌了將近兩百年。唯一的問題是，在命定的最後期限到來之際，他仍無法把自己的想法寫出來。

伽羅瓦於一八一一年出生在巴黎郊區，父親是那個小鎮的鎮長，母親負責他的早期教育，而且顯然把他教得很好。他的麻煩是從進學校開始，他對那些智力跟不上他的人很不耐煩。阿根廷作家西塞·埃拉（César Aira）在他的小說《生日》（*Birthday*）中描寫伽羅瓦，他提到尤其在數學上，「這位年輕的天才養成了在頭腦中執行所有中間步驟的習慣，因此會突然得出結果」。

但在綜合理工學院（該學院擁有法國最負盛名的數學課程）的入學考試中，伽羅瓦把一塊板擦丟向主考官的臉。

他被迫報考了較差的高等師範學校，在那裡，他幾乎完全依靠自己的力量，開始在多項式方程理論方面開闢新領域。伽羅瓦誇口說：「我所做的研究足以讓許多學者止步不前。」然而，在他提交論文準備發表時，評審委員卻以過程不完整為由拒絕了。他自己在腦中把一切想得很清楚，但他無法讓別人看明白。他提交給法國科學院的一篇論文被評為「無法理解」：「我們已經盡了一切努力來理解伽羅瓦先生的證明。但他的論點既不夠清晰，也不夠完善，我們無法判斷其嚴謹性。」

當伽羅瓦在高等師範學校時，他也是革命政治活動的活躍份子。一八三〇年七月，巴黎人走上街頭，要求結束波旁王朝和國王查理十世（Charles X）的統治。在光榮三日（Les Trois Glorieuses）裡，他們衝進杜樂麗宮和羅浮宮，最終迫使國王流亡。在那年年底，伽羅瓦發表了一封信，譴責高等師範學校的教職人員不讓學生加入抗議活動。學校開除了他。

接下來一年裡，他在巴黎進行一些激進的活動。他說：「如果需要一具屍體才能煽動人們，我願捐出我的。」他加入了國民自衛軍炮兵隊，公然反抗新的法國國王路易－菲利浦一世（Louis-Philippe）。他曾因從事共和活動而入獄，其中包括涉嫌威脅國王的性命：他在大仲馬（Alexandre Dumas）等人出席的宴會上，手持匕首向路易－菲利浦敬酒。

同時，他開始獨自修改提交給法國科學院的論文，讓評審委員們更容易理解，但這些事情讓他沒有多少時間可以鑽研數學。我們可以說，他過度貶低了把自己的想法寫下來的價值，或者太過投入當革命份子的興奮感，但實際上，他只是一個任性的孩子，以為自己有足夠的時間成為一名數學家。

一八三二年五月，也就是伽羅瓦從監獄裡放出來一個月後，這場鬧劇結束了。五月二十五日，他寫信給朋友奧古斯特．謝瓦利埃（Auguste Chevalier），說他感到心煩意亂，但他沒有說明原因：「一個月之內，我已經耗盡了一個人能擁有的最大幸福泉源，我要怎麼安慰自己呢？」四天後，他告訴謝瓦利埃，他接受了一場決鬥，歷史學家認為原因可能是政治分歧，或是爭奪一名女子，也可能兩者皆有。在去見對手的幾個小時前，他熬夜寫信，直到深夜。他寫了一些簡短的便條給共和黨內的朋友們，向他們告別，因為他確信自己即將死去：「請記住我，因為命運沒有給我足夠的時間讓我的國家記住我。」

不過那天晚上，他大部分時間花在激動地寫一封長信給謝瓦利埃。信的一開始是這樣：「我親愛的朋友，我在分析方面有了一些新發現。」接下來是伽羅瓦一生中提出的一頁又一頁的理論線索，但他一直忽視而沒有深入研究，這個數學天才的遺願與證明，也將隨他而去。他在提交給法國科學院的論文中加注釋，寫出新的證明並改正其他的證明。他告訴謝瓦利埃，他寫在這裡的一切，過去一年多來一直清楚地留在他腦中。隨著時間一分一秒過去，他字跡越來越狂亂。在某一頁的空白處，他寫道：「在這個證明中，還有一些東西必須完成。我沒有時間了。」在這封信的結尾處，他請求謝瓦利埃把他的研究成果交給法國的兩位頂尖數學家，這樣他們就可以證明這些發現的重要性：「我希望以後會有一些人看出它的用途，破解這團混亂。」

最後，決鬥的雙方距離二十五步遠，用的是手槍。伽羅瓦腹部中槍倒下，他的副手不知是拋棄了他，還是去尋求幫助，不管怎樣，後來是一個路過的農民發現他，把他送到附近的醫院。他的弟弟阿爾弗雷德是唯一及時趕到他身邊的家庭成員。「別哭，」伽羅瓦告訴他：「我需要所有的勇氣才能在二十歲死去。」他被埋在一個無名的墳墓裡。

幾十年之後，才終於有人真正破解並解釋了伽羅瓦的理論，它們現在都是我們理解數學時不可或缺的一部分。一九五一年，理論物理學家赫爾曼·韋爾（Hermann Weyl）驚嘆這差點錯失的一切，以及伽羅瓦想辦法把最後的訊息交給他的朋友，是多麼幸運的事情：「如果從這些概念包含的新穎和深刻程度來判斷，這封信可能是所有人類文獻中最有意義的手稿。」

然而，對於可憐的伽羅瓦來說，如果他能找到一個比即將到來的死亡更好的動力來源，那該有多好？

期限效應的實際應用

伽羅瓦和工作過量的FDA員工有個共同點：他們都受制於一個自己無法控制的截止期限。這是截止期限最糟糕的一種形式——你可能完成了工作，但你痛苦不堪。不過，只要加入些許策略思考，你可以改變故事的結尾。

這本書希望能重新定義期限效應，讓它成為一個描述成功而非失敗的詞彙。為此，我找了一些組織的實例，他們都已開發出某種「擴展意志力」的方法：也就是在不犧牲品質的情況下，保持計畫進度的系統。畢竟，截止期限本身並沒有什麼東西需要犧牲與交換。正如希伯來大學一項研究所指出的，「當做某件事的時間（無論是完成一個專案還是集體決策）有限時，人們就比較不會浪費，並且會更專注、更有生產力與創造力。」這是一種讓人自由的領悟：**卓越和及時並不矛盾**。

我研究了九個不同的組織，看他們如何應對高壓的最後期限。在大多數情況下，我都是在時間截止的時候出現。我選擇這些機構組織的原則很簡單：我想跨多種產業，而且我要記錄的最後期限必須是一年內或多年來最大規模的一個。

在接下來的七個章節中，你將看到許多不可思議的壯舉：米其林餐飲集團旗下餐廳的開幕，一組團隊將整座山覆蓋上一層雪，一架客機從裝配線上完成。你會發現每年的復活節，商店裡總會出現一種特殊的白色百合，你還會在開幕夜之前去到劇場的後臺。你將會看到提供颱風救援任務的空軍中隊、黑色星期五前夕的百思買（Best Buy）、一間機器人新創公司如何在六分鐘內成功把自己推銷出去，甚至是加入愛荷華州黨團會議的總統競選團隊。

在很多情況下，最懂得有效利用截止日期的是普通員工，而不是管理者。這些人沒有讀過《美國經濟評論》（*American Economic Review*）上的任何論文，沒有做過人口普查，也沒有發送免費的蛋糕，他們就是知道短期限有多有效，而這些知識創造了隨之而來的空間。同樣地，透過學習如何設置和重置你自己的倒數計時器，你可以得到所有你最需要的東西：完成工作的時間、修改的時間，還有放鬆的時間。

我希望這本書對那些努力完成工作的人——也就是我們所有人，都有用。每一章會告訴你這些組織如何運作，並將你看到的實踐方式，與行為科學家、心理學家和經濟學家提供的見解聯繫起來。不過，也有一些章節會詳述這些工作場所的細節。

很多年前，我讀過一本叫《平版印刷》（*Lithography*）的書，作者是亨利．克利夫（Henry Cliffe）。雖然我已經忘了書中的其他內容，但書的開頭幾句讓我印象深刻：「大約在一七九八年，阿羅伊斯．塞內菲爾德（Aloys Senefelder）發明了一種叫做平版印刷的印刷工藝。與此相關的浪漫軼事很多，但事實如何並不確定，我們不必在意。」

簡直一場災難！我和其他人一樣想了解平版印刷，但你卻要跳過浪漫的部分嗎？

請放心，這本書不會這樣寫。當深入某個組織運作方式的那條路特別誘人時，我一定會走進去。

十五年以來，我一直是一名編輯，為每季、每月和每週的雜誌工作，我以為自己知道所有能讓稿件按時送到印刷廠手中的伎倆，但那是在我研究本書中提到的組織之前，你們會在接下來的章節中讀到。我在這些地方發現了獨創性，改變了我對截止期限的看法，也改變了我寫這本書的方式。

透過收集這些截止期限的故事，在整個工作社會的噪音之中，浮現了一個訊息：我們的經濟生活正處於一個奇怪的時期。雖然我在新冠肺炎大流行之前就完成了這本書的大部分報導，但我看到了脆弱的跡象，而這種危機存在於我觀察的幾乎每個行業中。我們現在面臨的問題，其根源比這個公衛緊急情況更加深遠。

但儘管存在這些問題，本書中所有的組織都找到了成功的方法。想像一下，如果他們能重新開始，如果我們能把這段過渡時期變成一個機會，會發生什麼事？

本書的目標是為了此刻以及即將到來的那一刻發聲——如果我們能在它擦肩而過之前抓住它的話。

第一條守則

製造檢查點

——米其林三星名廚 Jean-Georges 餐廳的開幕準備

二〇一九年五月十三日，星期一，法國名廚尚－喬治・馮格里奇頓（Jean-Georges Vongerichten）在他紐約西村的公寓門口坐上一輛車，要求前往機場。在這個時候離開紐約實在有些奇怪，因為他在曼哈頓下城區開的新餐廳即將在星期二開幕，就在布魯克林對面的海濱。不過馮格里奇頓並沒有飛到任何地方，他只是要去察看另一家餐廳巴黎咖啡（Paris Café），這一間將於星期三在甘迺迪國際機場嶄新的環球航空飯店開幕。

連續兩天開兩間餐廳，這對於 Chipotle 墨西哥餐廳和 In-N-Out 漢堡這樣的連鎖速食店來說，已經很了不起了，對馮格里奇頓這樣的高級名廚來說，更是前所未聞的事情。其實他原本的計畫不是這樣，這兩間餐廳的開幕都籌備了好幾年，也都牽涉到主廚無法控制的大型再開發專案，他束手無策，只能驚恐地看著最後期限越來越逼近彼此：海濱餐廳富爾頓（Fulton）的開幕日期不斷延遲，而巴黎咖啡的開幕日期則沒有改變。一直到四月中旬時，馮格里奇頓還以為兩個開幕日之間會有幾天的緩衝時間，但後來，這段時間也消失了。

六十二歲的馮格里奇頓看起來很暴躁，或者應該這樣形容——在一個預設模式總是歡樂的人臉上，現在出現了近似暴躁的表情。作家傑伊・麥金納尼（Jay McInerney）曾形容他是「文藝復興風格的小天使與喬治・克隆尼（George Clooney）的結合」，實在沒辦法更貼切了，即使這位主廚早已年過六十。然而現在，他侷促不安地坐在車裡，不停地向窗外張望。

環球航空飯店的開發人員前一天才把巴黎咖啡的廚房移交給馮格里奇頓，實在是遲得誇張。反觀富爾頓，廚房在開幕前六週就準備好了，從那時起，他的團隊就一直在受訓。兩間餐廳的目標都是打造一個與眾不同的開幕之夜，彷彿這間餐廳已經營業幾個月一樣順暢。在這一點上，看起來只有富爾頓能做到。

「我覺得壓力山大。」馮格里奇頓說。

「富爾頓」和「巴黎咖啡」是馮格里奇頓在紐約的第十三和第十四間餐廳，讓他在全球的餐廳總數達到了三十八間。同年七月，他還將在費城新開的四季酒店中再開兩間餐廳。三個月開四間餐廳已經很多了，但其實還比不上二〇一七年，二〇一七年他在紐約、洛杉磯、新加坡、聖保羅（巴西）和倫敦開了七間餐廳。這種節奏是他有意為之，他告訴我：「我的夢想是每個月開一家餐廳，然後就不管它了。」

即使是馮格里奇頓的批評者，那些認為他因為整體利益，讓個別餐廳遭受損失的人，也難以掩飾對馮格里奇頓這種強大力量的驚嘆。在「尚－喬治烹飪宇宙」剛開始發展的初期，有位評論家在訪談中曾提出疑問，這位主廚是否只是不停複製同一套系統。馮格里奇頓本人將這一切歸功於「公式」，他和團隊制定了一套程序，把一切連接起來，讓這些開幕式得以順利進行。

同樣坐在汽車後座的，還有尚－喬治管理公司的執行副總裁丹尼爾・德・維奇奧（Daniel Del Vecchio），他一邊接電話，一邊在筆記型電腦上打字，他的頭髮向後梳，眼睛有點浮腫。除了很少離開馮格里奇頓身邊的德・維奇奧，這些活動中還有兩個不可或缺的人，一個是葛列格里・布雷林（Gregory Brainin），他領導著一支有如突擊隊的小團隊，在世界各地的尚－喬治（Jean-Georges）餐廳培訓廚師，另一個是洛伊斯・費德曼（Lois Freedman），她是該公司的總裁，也是我見過唯一能否決馮格里奇頓意見的人。他們都在公司工作了幾十年。德・維奇奧說：「我們是一個非常緊密的團體。」剛開始的時候，這些人都只是廚師，但隨著公司發展，他們都成為執行階層的主管，現在管理著十二個國家的五千名員工（相較之下，Facebook 上市時只有三千二百名員工）。去年，尚－喬治集團的總銷售額為三．五億美元。

在車裡，馮格里奇頓接了紐約餐廳的魚供應商打來的電話，跟他確認一份海洋生物的清單，越講到後面越不知道說的是什麼生物。然後，他和德．維奇奧談論起尚－喬治餐廳印的新菜單，這間是位於中央公園的旗艦店。他們決定取消單點的菜單，只提供六或十道菜的套餐，這兩種套餐都有一般與素食版本。馮格里奇頓稱這是一個「重大變化」，是自尚－喬治於一九九七年開業以來所做的最大變動。

菜單的改變並不只是為了創新，他們心中有一種特定的客人。二〇一八年，《米其林指南》（*Michelin Guide*）的評審將這間餐廳從三星降級為兩星，這是自米其林開始報導紐約餐廳以來，尚－喬治第一次沒有獲得最高排名。「對我們來說，那是非常悲傷的一天。」費德曼告訴我：「我為他感到難過，因為他是一個總是待在自己餐廳裡的主廚。雖然他真的很忙，但他真的總在餐廳裡工作。」

這段捍衛之語的背後，隱藏著一直困擾馮格里奇頓和他團隊的問題：他真的有可能同時經營一間三星級餐廳和一家跨國公司嗎？前者旨在提供一生一次的美妙體驗，而後者則取決於能否將這種體驗重新包裝，以適應不同的顧客、菜餚和預算。要找到一個同時能做這兩件事的人非常不容易，就像要達文西畫出《最後的晚餐》（*Il Cenacolo*），並同時製作《最後的晚餐》托特包一樣。馮格里奇頓大部分的同行根本不會做這種嘗試：在美國，米其林三星主廚經營的餐廳數量中位數是兩間。

如果馮格里奇頓不是同時喜歡這個帝國和它的名字，他的選擇就會很容易，只有衍生產品才能真正賺到錢。他也很自豪自己因在全球各地開餐廳而建立的系統，他說：「我們的團隊，露易絲、葛列格里、丹尼和其他人都把這歸結為一種科學。我們知道如何把東西組合在一起。」但馮格里奇頓的職業生涯始於法國，他十幾歲時就在米其林三星餐廳當學徒，這個精緻的世界對他的想像力仍有著不可動搖的限制。

他的團隊都和他同樣投入。布雷林一想到失去的那顆星就生氣。他說：「我們每天都拚了命確保餐點的一致性、力量，還有食材的純淨程度（Pristinity）都精準無誤。」

（有人認為這裡的純淨一詞，是「原始」（pristineness）和「神性」（divinity）的結合，這也準確地反映了布雷林對食材的態度。）他們已經聯絡米其林，請他們在嘗過新菜單後再決定今年指南的星級。

所以這星期的目標就是這樣：讓兩間餐廳開幕，讓其他三十八間繼續營業，並設法說服一群來自輪胎公司的匿名評審，讓他們肯定尚－喬治餐廳仍然是世界上最好的用餐體驗之一。自我們離開西村起，馮格里奇頓第一次陷入沉默。但當他看到環球航空公司的招牌時，又開心地叫了起來：「看，我們的員工在那裡！」餐廳二樓的窗戶旁擠著一群約四十名的服務生和廚師。那一天他們將第一次使用新餐廳的廚房，第一批顧客將在四十八小時後到達。

尚－喬治的餐廳生產線

要了解馮格里奇頓建立了什麼，以及他怎麼會成為一個截止期限專家，先認識他在紐約的早餐時間表，可能會有所幫助。他不會在自家（那又大又乾淨）的廚房裡做早餐，而是去巡迴他的餐廳。星期一，他在蘇活區的莫所（Mercer）吃，星期二到上東區的馬克（Mark），星期三去熨斗區的ABCV，星期四不一定，星期五就去尚－喬治。

他這些餐廳感覺不像是連鎖店，不過從某種意義上說，它們確實是連鎖店的一部分。它們不是飯店餐廳——不過的確其中有幾間位在飯店裡。此外，除了尚－喬治，這些都不是正式的高級餐廳，不過每家餐廳的服務都散發著一些最高級、黑領結加銀色鐘形端盤的莊嚴氣氛。這些比較屬於隨著中產階級美食愛好者崛起而激增的那種餐廳，精準而不過度講究，豪華但不奢侈，價格偏高但不過度消費。一個你在約會之夜可能會去的地方。

大多數這個階層的餐廳通常都是獨一無二的，由烹飪學校的畢業生，或從接受培訓的廚房裡逃出來的副主廚們在當地開設。這些都是源自熱情的餐廳——實現某個廚師的夢想，現在他終於可以經營自己的餐廳了。馮格里奇頓和他的團隊成功地複製了這些充滿愛的勞動，但規模更大。

結果是，這群餐廳感覺比較像是獨立國家的聯邦，而不是邪惡的帝國。有一種情感貫穿它們——法國的技術、亞洲的香料、清爽帶酸的醬汁，更顯而易見的，是尚－喬治團隊讓每個地方都變得新鮮的喜悅。馮格里奇頓說：「這是最棒的部分：創造一份菜單，一個概念。而最難的部分是讓它能繼續運作二十年。」

其中最棒的菜餚令人印象深刻：JoJo 餐廳的馬鈴薯羊乳酪砂鍋配芝麻菜汁（馮格里奇頓、費德曼和德維奇奧每週二都會去吃這個）；尚－喬治餐廳的扇貝佐花椰菜搭配刺山柑葡萄乾醬（布雷林和馮格里奇頓在招聘過程中用來測試新廚師的一個版本）；香料市場（Spice Market）餐廳的金槍魚搭配珍珠木薯粉、泰國辣椒、花椒、肉桂、墨西哥辣椒和青檸（布雷林說：「我們再也沒有做過這麼複雜的食物了。」）；ABCV的野生蘑菇牛蒡麵、豆豉和醃黃瓜（反映了馮格里奇頓最近對健康和環境可持續性的關注）。還有那個從二〇〇〇年代以來就占領了整個國家甜點菜單的熔岩巧克力蛋糕，那是來自拉法葉（Lafayette）的菜單。拉法葉是馮格里奇頓在紐約經營的第一家餐廳，他於一九九一年離開了這家餐廳。

他的系統運作得如此穩定，實在令人震驚。打造一個看起來像寶石般的餐廳是一回事，讓它成為人們想去的地方，製作出的美食甚至能打動那些原本可能會抱怨尚－喬治帝國的評論者，那完全是另外一回事。（美食評論家皮特．威爾斯〔Pete Wells〕最近在《紐約時報》的評論文章中，創造了「馮格里奇頓斯坦」〔Vongerichtenstein〕這個詞，強調馮格里奇頓系列餐廳的勢力龐大。）事實上，他每一間新餐廳都立即成為最佳新餐廳。

我們有點懷疑這種肆意揮霍的行徑。這些隱喻從藝術領域轉移到商業領域：馮格里奇頓建立了一個工廠、一個經銷企業、一條裝配線。你可能會想像這個企業是一連串的複製貼上，從餐廳的燈光到菜單上的項目。然而，實際上更奇怪，是一個夾雜僵化和自由精神的空間。

一千次的模擬服務

富爾頓五年前誕生在一間俯瞰紐約港的會議室裡。它的母公司是尚－喬治管理公司和霍華德休斯公司，後者是一家擁有百年歷史的石油、房地產和飛機公司，一直在重新開發曼哈頓的南街海港。霍華德・休斯請馮格里奇頓在十七號碼頭開設一家餐廳，十七號碼頭是他們在東河上建造的一棟購物商場。馮格里奇頓一直想開一間海鮮餐廳，而這個地點最靠近水岸，離以前的富爾頓魚市只有幾步之遙。地點決定了這間餐廳的概念和名稱。

有一段時間，這就是他的全部。施工進度拖得很長，而在餐廳的設計敲定之前，馮格里奇頓拒絕開始規劃菜單。費德曼在餐廳設計階段扮演著主導角色，決定了座椅的顏色（海洋泡沫綠）到水杯的價格（餐瓷品牌 Serax 的純粹系列水杯，由帕斯卡・納森斯〔Pascale Naessens〕設計——大概只有科幻劇作家道格拉斯・亞當斯〔Douglas Adams〕才會喜歡的品牌，每個杯子的批發價只要七美元多一點）。

費德曼從烹飪學校畢業後，就在拉法葉為馮格里奇頓工作。一九九一年，他們與投資者菲爾・蘇亞雷斯（Phil Suarez）一起開了一間名為 JoJo 的小酒館。費德曼負責這間餐廳營業方面的事務，很快發現自己在這方面很有一套。她說：「我希望可以留指甲、打扮得漂漂亮亮。但在廚房裡，我兩條手臂都有燒燙傷的痕跡。」她有沒有想過自己最終會經營三十八間餐廳？她說：「我那時除了JoJo，什麼也沒多想。沒有人會同時經營多間餐廳，至少那個時候的人不會這麼做，廚師沒有擴張版圖的概念。」

在富爾頓這邊，菜單規劃從一月份開始，只要工程進展順利，馮格里奇頓和布雷林就會放心地聘請一位行政主廚來負責餐廳的日常事務。通常，尚－喬治團隊會從旗艦店提拔一名副主廚來領導新的餐廳，就像剪下植物的枝條來扦插繁殖。但這一次，他們是從水門飯店（Watergate Hotel）請來一位名叫諾亞．波賽斯（Noah Poses）的年輕廚師，因為他在測驗時做出來的料理，讓布雷林大為驚豔，甚至沒有進一步安排馮格里奇頓親自試吃。

波賽斯、布雷林和馮格里奇頓花了三個月的時間在尚－喬治的廚房裡做實驗，直到他們擬出一份粗略的菜單草稿。三月時，他們移到富爾頓的廚房。在那裡繼續精進菜色，刪除一些，又加進一些。原本的菜單上有鯷魚（為了環保），後來消失了（不夠多人喜歡）。他們在燉飯裡加了雪蟹。（布雷林說：「一旦尚－喬治試出了更好的版本，他就不會再回頭了。」）有些菜色被認為太難，沒辦法在合理的時間內做出來，但一道非常費功夫的曼哈頓蛤蜊巧達湯在最後一刻又列入菜單裡，因為它實在太受歡迎，不容忽視。

新雇用的服務生要學的東西，從如何清理桌上的盤子，到怎麼談論魚的來源。馮格里奇頓說：「我不介意桌上的餐刀有點歪，但這個人必須有個性，而且懂得賣東西。」費德曼告訴我，她喜歡請演員來當服務生，因為他們可以記住很長的字串。

四月，波賽斯帶了四個副主廚進來後，他們就可以開始演練開業過程中最重要的部分：**盡早開始且頻繁地模擬真正的晚餐服務**。這些模擬服務最初每天只提供給二十名員工，然後三十名，然後四十名，直到富爾頓餐廳的開業團隊從公司辦公室、霍華德休斯公司和供應商那裡找了一堆員工來坐滿餐廳。在正式營業之前，這些**每天例行的檢查點**，就是馮格里奇頓所謂「公式」中的重要成分，它們是完美開幕和顧客滿意的祕訣。

每天結束的時候，布雷林、馮格里奇頓和波賽斯會拿出他們規劃好的菜單，一道一道地進行調整。或者，更精準地說，是一克一克地調整：尚－喬治餐廳裡的所有東西都是按克計量，不允許絲毫偏差。馮格里奇頓說：「我們確保一切都做過測試、測試、測試，然後再測試。」

◇◇◇

在開幕前一週的最後一次模擬服務中，一名廚師準備的是甘藍沙拉。布雷林問他，沙拉裡有多少克橄欖油，多少克羽衣甘藍葉，多少克帕馬森起司，廚師都背下來了。接著，廚師把組好的沙拉放在秤上，把帕馬森起司切片灑在上面，達到他想要的數字，就可以上桌了。

後來，在吃完一整碗蛤蜊義大利寬麵後，布雷林宣布還需要再加六克橄欖油（比一茶匙多一點），這樣才算完成。比爾．布福德（Bill Buford）在《熱度》（*Heat*）一書中描述他在馬利歐．巴塔利（Mario Batali）的廚房工作的經歷，他對同一道菜的描述是：「唯一測量過的食材是義大利麵，其他一切都是用指尖挑出來的，不是一小撮，就是一大撮，不然就是介於兩者之間：一點幫助也沒有，唉，但這就是餐廳裡衡量數量的方法。」

我問在布雷林手下工作的一個烹飪培訓師，廚師們是否反對過這種嚴格的克數計算。他告訴我：「這聽起來很乏味，但你要學會尊重食材和料理。」遵守磅秤就像遵守十四行詩的規則——一種幾乎允許藝術無限發展的限制。馮格里奇頓說，這也是一種明確的做事方式，確保即使他人不在那三十八個廚房裡，做出來的料理仍然是他理想中的狀態，不會有任何當地廚師的無用即興創作。除此之外，要達到同樣的目的，唯一的方法就是大幅縮減規模：「我就放一個七人座的吧台。我親自烹調，親自為你服務，親自清潔整理。那就是百分之百的尚－喬治。」

就在第一批模擬食客到來前不久，馮格里奇頓穿過了餐廳。施工時蓋在窗戶上的紙剛拆掉，所以他可以看見這家餐廳的主要視覺賣點：沿著餐廳的一整面牆，可以看到布魯克林大橋的全景。馮格里奇頓說它「非常壯觀」。餐廳內部有長長的麂皮餐椅，海洋主題的燈光，一直延伸到連鎖餐廳海滋客（Long John Silver）的領域，牆上還有一幅朱爾．凡爾納（Jules Verne）的現代科幻風格手繪壁畫。馮格里奇頓穿過廚房、洗碗區、露臺、陽臺，甚至廁所，感覺有點像導演魏斯．安德森（Wes Anderson）的電影畫面，不同的服務生走向他，詢問他只需回答是或否的簡短問題。要把牌子掛到正門上方的人徵求他的同意，他點點頭。

模擬服務跟普通服務很類似，但有一些重要之處不同。例如，客人會拿到菜單，但菜單上有標示他們該點的菜餚，「否則，」布雷林說，「每個人都會點龍蝦，廚房就無法正常測試了。」每個客人都有一杯特調雞尾酒、一道開胃菜和一道主菜。布雷林拿起一份菜單，拿到這份的客人必須點紫蘇雞尾酒、脆皮軟殼蟹和帕馬森起司檸檬燉飯。

隨著訂單一份一份送進廚房，波賽斯在廚房的送餐窗口旁站定位置。布雷林也是傳輸線中的一部分，但他經常會離開位置，和他的新員工一起皺著眉看著一盤食物。他三十二歲，有一張年輕的臉，他在和布雷林交談時，看起來就像經理來到投手丘和一個新秀投手交談。我立刻發現了一個問題：送餐員總是不斷退回廚房的送餐窗口附近。為了解釋原因，布雷林把我拉到窗邊看一張訂單。這是一張桌子的單，但內容很長，有些熱的，有些冷的，有些準備起來很快，有些則需要很長的烹調時間。最棒的廚房會想出如何在適當的時候把所有的東西都準備好，但這個廚房還沒有完全準備好，所以服務生們常端著半滿的托盤，站在那裡等最後一道菜做完，才可以一次把所有的菜端上桌。

波賽斯告訴我：「第一個月，沒有人知道自己在做什麼，完全狀況外，不過這在意料之中。從廚師到洗碗工，從送餐員到服務生，甚至是我自己。你帶著一個計畫進去，但也知道這個計畫不會真的派上用場。」送餐員的問題是那種只有收到太多訂單打亂他們的時間表時，才會變得明顯的問題。他們得想辦法解決這個問題。

波賽斯和布雷林似乎都對食物很滿意。至少波賽斯是，而布雷林在強烈的自信和神經質的堅持之間交替，他總認為這些菜餚是「近乎」完美，他應該還能找到最後一點什麼來調整。他說，他的標準是讓人上癮的美味：「意思是，即使你已經完全不餓了，還是忍不住再吃一口。」

一九九〇年，馮格里奇頓的第一本書《簡單烹飪》（*Simple Cuisine*，直譯）出版時，布雷林一直在公園大道咖啡為大衛．伯克（David Burke）工作。「每次休息的時候，廚師們和我就會一直看那本書。」他說，從《簡單烹飪》中，他偶然發現了至今仍使他的烹飪充滿活力的核心隱喻：三音和絃——每道菜都應該有三種主要的味道，它們結合在一起會產生比本身更棒的味道。幾年後，他去為馮格里奇頓工作。布雷林認為他引起馮格里奇頓的注意，是因為他是廚房裡最乾淨的廚師。這點是他從大衛·伯克那裡學來的，伯克有一次帶著一群顧客參觀廚房，停下來看布雷林工作，「他叫大家來看我的工作檯，看它是一個多麼噁心的糞坑。」他說的對嗎？「百分之百正確。從那以後，我成了所有我工作過的廚房裡最乾淨的廚師。」

模擬服務結束後，費德曼傳訊息給馮格里奇頓討論麵包要附的奶油。他們此刻用的是一小團奶油和法式酸奶油的混合物，但費德曼想要更簡單的東西：「美味又漂亮的有鹽奶油，你可以把它切開的那種。」隔週，麵包附的奶油已經換了。

樓下，廚師們正在清理廚房。布雷林和馮格里奇頓在討論菜單裡面的義式生魚片。幾個月前，《紐約時報》發表了一篇題為〈義式生魚片是必須制止的災難〉的文章，但主廚們決定，他們不能因為某個評論家想要爭奪版面與關注，就放棄一種本地的、可持續的、多功能性的菜色，而且「我們喜歡那種魚」。為了不讓別人覺得沒有創意，他們在裡面加入了發酵的哈瓦那油醋醬，還有一種叫金鈕扣（Sichuan bud）的葉子。

布雷林指出，在服務過程中，有個廚師「完全搞砸了」漢堡搭配的醬汁，把鹹度弄成了預期的兩倍。他要她在他面前重新準備一份漢堡，她再做了一遍，又犯了同樣的錯誤。只有當他看著她一步一步從準備到完成工作，才發現問題所在。現在想像一下同樣的過程，在每一道菜和每一個廚師身上重複。「沒有其他廚房是這樣運作的。」布雷林說：「就算他們宣稱有這樣做。」這也是為什麼無論你在紐約、雅加達還是廣州，都肯定能吃到尚－喬治美食的原因。

現在是六點鐘，所有客人在繳交完模擬服務問卷後就離開了。問卷中詢問他們是否有受到歡迎的微笑，是否在他們入座後六十秒內服務生就來到餐桌旁，以及每道菜如何改進。我問波賽斯接下來要做什麼。他說，在模擬服務結束後，他們會開會提出發現的問題，目前最明顯的是送餐員退回到廚房附近。但系統中的其他問題，在餐廳客滿並有付費顧客之前，可能都還不會發現。

布雷林將它比喻為在短車道上學習騎自行車，你可以做一千次，但不會真正受到的考驗，直到你真的上路，壓到路面的坑，你就摔倒了。

中間期限的力量

「模擬服務」是尚－喬治公式中最重要的部分，原因有二：首先，這些檢查點確保他們在開幕日之前的穩定進步，**每個檢查點都是期限效應的一個縮影**。第二，這種方式可以確保那天到來時，餐廳已經盡可能接近完美狀態。要理解為什麼這些在最終期限前的中間期限會如此有效，讓我們先暫時離開這個餐廳世界。

二十年前，行為經濟學家丹・艾瑞利（Dan Ariely）和同事克勞斯・沃頓博屈（Klaus Wertenbroch）進行了一項實驗，證明了「中間期限」的力量。當時艾瑞利在麻省理工學院教書，他在消費者行為課上告訴學生們，在這十二週的學期結束前，他們要交三篇論文。所有論文都是在最後一天的課後才評分，但學生可以在這之前的任何時間繳交。但有個規定：他們必須為這三篇論文各自定下一個繳交日期。艾瑞利和沃頓博屈寫道：「學生必須遵守那個繳交日期，每超過一天，論文的整體成績就會被扣掉一%。」

合理的做法是把這三篇論文的繳交日期都定為上課的最後一天：這樣可以消除懲罰的可能性，學生也會有最多時間和靈活性來研究和寫作。有些學生就是這樣做，在最後一天上課時一次繳交三篇論文。但其他人比較了解自己，他們為前兩篇論文設定了較早的截止日期，這樣能迫使他們比較早開始準備作業項目。

為了讓實驗更完整，艾瑞利為另外兩個班級定了不同的規則。他們同樣有三篇論文要寫，但是有一個班被要求在學期結束時繳交所有作業。而另一班的每一篇論文都有固定的截止日期，平均分配在第四週、第八週和第十二週。

所有的論文都繳交並評分後，艾瑞利比較結果。那些有固定截止日的學生表現最好，而那些必須在最後一天交所有論文的學生表現最差。然而，最有趣的結果是那個自行選擇繳交期限的班級。以班級整體而言，他們的成績比強制規定截止日期的班級差，但當艾瑞利排除了選擇在學期最後一天交三篇論文的學生分數後，這種影響就消失了。艾瑞利寫道：「那些沒有為截止日期預留足夠時間的學生拉低了班級平均成績。」無論是自我安排的還是外力強制，中間期限是獲得高分的最有效手段。

富爾頓的模擬服務一開始，就等於每天都是個中間期限，是讓員工測試技能、鞏固知識的機會。隨著馮格里奇頓將顧客數量從二十人增加到四十人，難度也越來越高。每天的進步有一個附帶效果，就是讓服務生和廚師保持動力。在《哈佛商業評論》（*Harvard Business Review*）的一篇文章中，研究人員泰瑞莎·阿瑪比爾（Teresa Amabile）和史蒂芬·克拉默（Steven J. Kramer）提到一種心理效應，他們稱之為團隊在進行專案時的「小勝利」。

他們寫道：「當我們想到進步時，我們通常會想像實現長期目標或經歷重大突破的感覺有多棒。這些重大的勝利真的很棒，但相對來說它們比較稀少。好消息是，即使是微小的勝利，也能讓一個人的內在工作生活受到極大的鼓舞。」他們請一家科技公司的團隊成員，每天填一份關於他們對工作感覺的調查。對於一名程式設計師來說，最正向的一天不是在某個大型專案結束的時候，而是在案子進行到一半時：「我弄清楚為什麼某些東西不能正常運作。我既欣慰又高興，因為這對我來說是一個小小的里程碑。」

布雷林、波賽斯和富爾頓餐廳的副主廚們，會用比這更辛辣的語言慶祝每一次成功的模擬服務，但背後的情緒都一樣。當你在打造一個有很多可活動零件的東西（比如一間新餐廳）時，過程中的每一小步都像是一場勝利。

檢查每一個細節

從某種程度上來說，尚－喬治系列餐廳只有三十八間，已經是他們有在克制的證據了。幾乎每天，團隊都會收到在世界上某個地方開一間新餐廳的問題。他們只會答應最特別的提議。

很可惜，雖然尚－喬治管理公司的人希望今年能過得安靜一點，但在環球航空飯店展店，卻被認為是不容錯過的好機會。環球航空飯店的大廳，就是埃羅．薩里寧（Eero Saarinen）一九六二年為紐約甘迺迪機場跨世界飛行中心設計的航站大樓，這是一個新未來主義的地標性建築，從建成之日起就是公認的傑作。改建飯店是一個為期三年的專案，但從飯店開業前兩天的模樣看來，開發商再多準備幾星期可能會更好。

那一天，馮格里奇頓到現場時，還有許多工人在到處錘、鑽、鋸東西。餐廳的入口幾乎整個被箱子和金屬置物架堵住，上頭擺滿了瑞德爾（Riedel）酒杯、乳膠手套、番茄醬。電線從天花板上垂下來。廚師還不能夠進廚房，所以他們無聊地待在用餐區，攤在白色的薩里寧鬱金香椅上。服務生擠在另一個區域，大約有四十名服務生正在進行第一次培訓。櫃檯上有一大盒 Dunkin' Donuts 的咖啡。馮格里奇頓嘗了一口，露出扭曲表情，有人馬上跑去幫他做濃縮咖啡。

每個人都在用不同的表達方式說同一件事——想在兩天之後開幕，實在太瘋狂了。我看見費德曼坐在薩里寧設計的一扇高聳玻璃窗旁，神情冷淡而不安。一塊玻璃板不見了，一片塑膠板在那個位置搖搖晃晃。我問費德曼，她覺得餐廳能不能及時開業。

「很難。」她說。

費德曼說，目前最大的問題是她無法想像最終的成品。如果他們連盤子都沒有，她怎麼知道他們用的奶油對不對？不過，還是有些跡象能透露出垃圾都清掉後，這裡大概會是什麼樣子。這裡是原子時代的幻想曲：有 Knoll 的桌子，像渾天儀一樣的站立式檯燈，還有白色的長椅，呼應著薩里寧屋頂的起伏。費德曼瞇著眼看這一切，說：「鬱金香椅會旋轉，我以為它們不會動。」如果它們會旋轉，服務生就必須花一大堆時間重新調整它們。或者更糟的是，不調整它們。

過中午了，廚房還沒有準備好。敞開的窗戶使得室內很冷，好幾個廚師擠在披薩爐旁取暖。

這裡有必要停下來解釋一下，馮格里奇頓和他的團隊怎麼會陷入這種境地。使用尚－喬治這個名字的餐廳有兩種：一種是直接屬於他們，另一種他們則是只有經營權。馮格里奇頓和他的合夥人擁有尚－喬治、JoJo 和派瑞街（Perry Street）。其他大部分餐廳，以及紐約以外的所有餐廳，都是管理類交易，占馮格里奇頓總業務的四分之三。尚－喬治管理公司用大約六％的總收入和十％的淨收入來設計餐廳和管理廚房，由合作夥伴擁有或租用空間、支付薪資、支付供應商，並於支付完授權費之後，帶走所有的利潤（發生像新冠肺炎大流行這樣的災難時，也是由合作夥伴承擔所有損失。所以比起某些餐廳老闆，馮格里奇頓在危機後東山再起時，會處於較有利的地位）。

管理交易的問題在於，時間表由所有者設定。這次建設延誤不只影響巴黎咖啡，也影響到富爾頓。他們能以下面兩種方式應對建設延誤：延遲開幕，直到一切準備就緒，或者決定不顧一切地跟著開幕。環球航空飯店的開發商已經預定於週三舉行剪綵儀式，還邀請了媒體和州長安德魯・古莫（Andrew Cuomo）。不會再有延誤了。

下午時，廚房還沒有準備好。馮格里奇頓和他的團隊已經盡了最大努力去適應這種環境。最重要的是，他們先前就讓行政主廚艾米・瑟－特雷維諾（Amy Sur-Trevino）和她的副主廚們去紐約的尚－喬治廚房，繼續微調他們的技術。不過，就連一向跟馮格里奇頓一樣充滿熱情的德・維奇奧，此刻也顯得有些不安。他說：「跟你說實話，壓力真的很大。本來這時候我們應該結束訓練了，結果這裡才剛剛開始。」

至少，服務生們有口頭簡報可以聽，雖然他們必須離開還在佈置中的用餐區，才有辦法聽簡報。在電鋸的陣陣回音中，我可以聽到一名講師在指導他們菜單上某些食物的正確發音，比如 crémant de Bourgogne（勃艮第氣泡酒）。在他們附近，一群舞者正在排練一段快閃舞蹈，他們將在剪綵時表演，距離現在只剩四十個小時。

在尚－喬治帝國的歷史上有兩個時代：「香料市場」之前和「香料市場」之後。這間餐廳於二〇〇四年在曼哈頓的肉庫區開業，正是這間公司進入快速擴張的時代。布雷林和其他人也是在這裡創造了他們現在用於各餐廳的詳細準備系統。他們必須這麼做：餐廳菜色中有很多是參考印度和東南亞料理，有一長串的食材需要精確校準。

為了制定菜單，馮格里奇頓帶著布雷林、德．維奇奧和其他幾個人去印度、馬來西亞、泰國、越南和印尼，進行為期十八天的研究之旅。規定是每個人只能帶隨身行李。德．維奇奧在期間有寫日記，從中可一窺尚－喬治的旅行風格。日記中有許多敘事段落，比如「我們遇到當地的樂隊和大象。我們去皇宮，會見巴爾加維公主（Princess Bhargavi）和阿爾溫德．辛格．梅沃爾王公（Maharana Arvind Singh Mewar），喝了雞尾酒」，以及「我們都去東方酒店按摩，和往常一樣棒，然後去吃飯」。此外還有一份又一份的食材、香料、醬汁和香草的清單，這些東西以前很少出現在紐約的高檔餐廳裡，直到馮格里奇頓把它們放到菜單上。香料市場開業之後，直到二〇〇八年馮格里奇頓把它賣掉之前，幾乎每天客滿，一個晚上可以服務多達一千個客人（二〇一九年，利潤最高的尚－喬治餐廳是位於拉斯維加斯貝拉吉奧的 Prime 餐廳。它與尚－喬治兩間的年收入都是二千五百萬美元，但旗艦店的所有利潤都被食品和員工成本吃掉了）。

一旦團隊證明了自己能夠應對香料市場的後勤挑戰，一切似乎都伸手可及：在聖保羅開分店、在拉斯維加斯開牛排館、在上海開披薩店。開業成為精心編排的烹飪培訓師和模擬服務團隊的結合。由於採用了精準計量的方法，再加上德．維奇奧每週的電話聯繫，常規營運得以順利進行。授權合約則幫忙解決了建築、許可證和薪資等各種混亂的業務。

富爾頓運用了公司在快速擴張過程中發展起來的所有資源，不過，在第一批付費客人到來之前，還有一項測試：兩場親友晚宴。提供的菜色是餐廳帝國中常見的餐點，也是富爾頓在真正開幕之前，最接近實際服務將會提供的餐點。與模擬服務不同的是，客人可以從菜單中自由選擇他們想吃的料理，甚至可以像付費客人一樣提出特別的要求，或是把菜退回去，否則就會變成大麻煩。

菜單上方有一段說明：「感謝您參與『親友晚宴』，幫助我們臻至完美！我們邀請每個人點一份開胃菜、一份主菜和一份甜點。」馮格里奇頓在周圍走來走去，打開又關掉手機。我問他是否準備好了，他說：「是，是時候了。我們做了大量的訓練。」他似乎有點緊張。

我注意到一張桌子在微微晃動。我一直想知道這種特定的焦躁是從什麼時候開始，現在我知道可能是第一天開始，也可能四天前就開始了。除此之外，餐廳看起來很平靜，一切就緒。不過，因為我知道菜單，所以我可以看到一些最後一刻的緊張跡象，往水裡一瞥就能看見鴨子正瘋狂地划水——燉飯不在這張菜單上，也沒有鰤魚和海鱸魚。後來我知道了為什麼沒有這三樣的原因：他們找不到價格實惠的雪蟹來做燉飯。在一個相對人不多的夜晚，鰤魚會賣不完，而接下來又是沒有客人的週末，這代表鰤魚會壞掉。鱸魚可供應，只是沒有列在菜單上，因為他們只準備了八條給特別顧客，也就是他們所謂的PXes（personnes extraordinaires，非凡人士）。

這一天會有一〇五個客人，是目前為止練習過最多的一次，波賽斯說他們會發現菜單的哪些部分成了瓶頸：「這道菜可能很棒，但讓廚師做出一百份可行嗎？」波賽斯表示，因為這次客人可以選擇自己的菜色，他們也會得到一些初步回饋，知道哪些菜色比較受歡迎：「菜單上有很多不同菜色可選當然很酷，但人們想要什麼？什麼能讓他們開心？」

波賽斯以一種民主社會的直率說出這句話，但事實上這個問題比他表現出來的更令人擔憂。烹飪跟其他形式的藝術一樣，餐飲從業者必須具備競爭性。廚師要努力取悅市場、評論家，還是自己？對負面評論、星級獎勵或取消星星的各種大驚小怪，反映出評論家們已經創造出一種獨立的餐飲價值生態系統。在那個世界裡，義式生魚片是陳腔濫調，評論家們想要新奇的東西，如果餐廳沒提供，他們就會懲罰餐廳。

大多數主廚的品味可能比較接近評論家，但他們也要謀生。布雷林以鮪魚塔塔（tuna tartare）來說明這一點。他說，鮪魚塔塔是美國最受歡迎的開胃菜，在富爾頓這樣的海鮮餐廳，他們不能把它從菜單上刪除，所以它就在那裡，不過旁邊還有一些更前衛的菜色，是布雷林、波賽斯和馮格里奇頓比較喜歡的菜色。但即使把它當作選擇之一，還是會有風險，評論者可能會對它的缺乏原創性嗤之以鼻，在這個城市的每一份菜單上都能找到同樣的舊式塔塔。為了解決這個問題，他們在邊緣做了一些試驗：不放醬油，用柚子芥末醬和香脆的茴香片代替（三音和弦：鮮魚、芥末、茴香的甘草。還有粉紅女郎蘋果泥和龍蒿粉。也許它更像是減七和弦）。給客人他們已經想要的東西，其風險和回報是，你會成為烹飪界的傑夫・昆斯（Jeff Koons）[1]——眾人所喜愛，卻沒有人尊敬。

所以馮格里奇頓、布雷林和波賽斯都很不安，嘗試在不疏遠客人的前提下為評論家創新。我不想在這裡深入探討亞里斯多德（Aristotle）的一〇一種哲學理論，但對主廚或任何人來說，美好人生的主要構成要素是什麼？是做出毫不妥協的藝術作品，還是讓人快樂？如果你的藝術最純粹的表達方式就是讓人們開心呢？

1 美國藝術家，最知名的作品是《氣球狗》（Balloon Dog），評論家對他的看法趨於兩級。

無論如何，參加親友晚宴的人們選擇了龍蝦，那天晚上他們做了六十五份龍蝦。但是，如果說有哪一道菜最讓布雷林、波賽斯和馮格里奇頓興奮，既能讓人眼前一亮，又能讓人感到安心的熟悉，那就是酥皮海鱸魚：整條海鱸魚直接放在整片酥皮下面。馮格里奇頓說：「就是這個，這是一道城市裡沒有其他人做的經典料理。」他稱它為第四代料理：《我的美食》（*Ma Gastronomie*，直譯）的作者費爾南德·波因特（Fernand Point）在法國的金字塔餐廳開發出這道菜，然後傳給路易·奧西耶（Louis Outhier），奧西耶又在坎城附近的綠洲餐廳教給馮格里奇頓，然後馮格里奇頓再教波賽斯。

副主廚們在送餐窗口擺了一份酥皮海鱸魚，馮格里奇頓和費德曼跟著它走上樓，來到一張四人桌前。麵皮用削皮刀的刀尖雕刻，再塗上蛋液，讓它看起來就像隻魚：鱗片、眼睛、鰭上的刺。上桌後，服務生會在桌旁用剪刀剪開酥皮，放在盤邊。剝開魚皮，把魚肉移到盤子裡，去骨，然後再把酥皮重新放上去，配上一些番茄和荷蘭醬。整個儀式既正式又怪誕。費德曼說：「非常難以想像。」

到九點的時候，樓下幾乎已經空了，但樓上一片嘈雜。費德曼還沒有吃飯，德·維奇奧和馮格里奇頓大概會在十一點左右和她一起吃。與此同時，德．維奇奧坐在酒吧旁，正用 WhatsApp 與上城區一間餐廳的員工談話，試著解決座位的問題。就在他打字的時候，他收到一封來自新加坡的簡訊，祝賀紐約的每一個人，富爾頓酒店即將開業。

◇◇◇

剪綵儀式當天，巴黎咖啡看起來差不多完工了，除了天花板上還垂著幾根零散的電線。他們來不及舉辦任何模擬服務，也不會有親友宴會。由瑟－特雷維諾帶領的廚房開始擺盤子，即使沒有人來端或吃它們。到了上午十點，送餐窗口已經排了五個水波蛋，沒有動過。

費德曼和德．維奇奧回憶過去的種種危機時刻，想確定這是不是他們經歷過的最瘋狂的時刻。德．維奇奧說，如果他起床洗澡時，發現昨天晚上用過的毛巾還是濕的，他就知道自己真的很忙。

馮格里奇頓來了，有點生硬地和大家握手。一位年輕的員工說，這是她第一次和他握手。「嗯，」他說，「我以前從來沒有『同時』開過兩間餐廳。」

大廳裡的剪綵儀式延遲了（因為州長古莫），群眾開始有些焦躁不耐。有人從法國精緻糕點店拉杜麗帶了一些糕點來，費德曼用它來裝飾廚房那個空蕩蕩的不鏽鋼櫃檯。（目前還是個波坦金[2]餐廳）然而，馮格里奇頓不會放過任何一個讓人們吃喝享樂的機會，所以他和費德曼就像在比賽，看她能否搶在費德曼把糕點拿到大廳給大家吃之前，把它們放到展示盤上。

一開始，沒有人注意到供應可頌的是馮格里奇頓本人，幾個人連頭都沒抬就拿了。但當有人認出他時，大家都爭先恐後地去拿點心，並和他拍照。不到幾分鐘，他就把所有糕點都送出去了，還拍了幾十張照片。

稍早之前，馮格里奇頓跟我聊起米其林拿走第三顆星的那一天。「我們很震驚。」他說，因為與前一年相比，根本什麼也沒有改變：「我們無法理解，因為就是同樣的主廚，同樣的團隊。」布雷林認為米其林這整個系統很古怪，前後矛盾，他說：「如果你看不到驢子，就很難替驢子釘上尾巴。」馮格里奇頓的態度與布雷林不同，他把米其林傳達的資訊銘記於心。消息發布後，他寫信給他們，要求他們把看到的所有缺點告訴他：有些醬汁太稀了、與尚－喬治的姐妹餐廳花生糖（Nougatine）共用空間讓人很困惑。馮格里奇頓說，這些都是小事，但這些批評都沒有錯。要成為三星，就沒有鬆懈的餘地。

馮格里奇頓認為，要想重獲失去的米其林星星，就需要做出某種犧牲。尚－喬治以其常規菜色而聞名，忠實顧客每週都會去，從長長的單點菜單中點同樣的東西，這些人追求的並不是多道菜的素食套餐。但馮格里奇頓早在幾年前就注意到一個變化：「你現在去高檔餐廳，從『麥迪遜公園十一號』（Eleven Madison Park）到『瑪莎』（Masa）再到『布魯克林飲食』（Brooklyn Fare），」這是紐約五間米其林評級最高餐廳中的三間。「你會拿到大概十道菜，然後他們帶你去廚房喝一杯，他們提供的是一種完整的

2 源自波坦金村（Potemkin Village），用以形容一些搭建出來的、自欺欺人的門面工程。

體驗，比去『丹尼爾餐廳』（Daniel）吃三道菜更棒的體驗。」（在二〇一五年的指南中，丹尼爾從三星降到了二星。）

多年來，馮格里奇頓一直抗拒跟它們採取同樣的方式，但實在無法避免了。新標準已經快要變成舊標準，最初米其林評級是要給公路旅行的人參考，而三星餐廳明確定義為值得來場「特殊旅程」的地方。失去這顆星讓馮格里奇頓覺得是時候「重新找回我們的地位了。我的意思是，至少試試看。因為我覺得我們的食物有那個等級，它非常特別。」

在巴黎咖啡剪綵後不久，費德曼告訴我一個她剛開始替馮格里奇頓工作時的故事，就在《紐約時報》發表一篇對拉法葉餐廳的四星評論之後，這個事件改變了他們兩個的人生。一位顧客坐下來，點了一份炒蛋，似乎沒有意識到自己身處的餐廳是多麼偉大。就是一份炒蛋。馮格里奇頓親自動手——「他做了一生中最好吃的炒蛋」，然後在上面擺魚子醬、法式酸奶油和細香蔥。「身為一個年輕的廚師，我從中學到非常多。」費德曼說：「這無關自我，重點是客人想吃什麼。」

在巴黎咖啡開業的籌備過程中，費德曼一直感到匆忙與不滿。**缺少的關鍵環節就是模擬服務**：沒有常態的每日期限來調整食物、服務和展示，尚－喬治餐廳應該具備的優雅一直無法實現。那裡的工作人員就像艾瑞利的學生一樣，趕著在學期結束時完成所有論文，他們不可能得到像富爾頓的系統化運作一樣的高分。

儘管如此，我們不難想像，如果沒有費德曼和她的團隊在帶領，情況只會變得更加可怕。瑟－特雷維諾和她的廚師在這週末之前根本不會有地方練習，不會有一組烹飪培訓師團隊在協助他們，菜餚的配料會亂七八糟，沒有清單和精準計量可依循，椅子會旋轉到不合適的位置。總之，在開幕當晚，巴黎咖啡的狀態可能是馮格里奇頓三十八間餐廳中最差的一間，但它仍是這座城市中最好的餐廳之一。

之後的事

富爾頓開幕後的第一批付費客人在五點半抵達。好幾名女服務生招呼他們，幫他們拿外套，把他們領到座位上。這群顧客不是誰的親朋好友，也不是特別顧客，他們都是自己用 App 預定了位置的客人。

波賽斯向工作人員發表了開始服務前的講話，強調接到單後要迅速出餐給送餐員的重要性，然後第一批訂單開始送進來了。他告訴我：「這是一系列全新的挑戰。」我問他會不會緊張。「我對每次服務都帶著一定程度的焦慮感，」他說：「但我不認為這是不健康的焦慮。主廚的正常感受就是焦慮。」

大家都知道馮格里奇頓是個隨和的老闆，而波賽斯似乎也是一個模子刻出來的。他的父親是費城的餐廳老闆和廚師，他從小就在烹飪，然後自己從曼哈頓的現代餐廳慢慢做了起來。他說，開餐廳是一件大事，你得從零開始打造它的聲譽，無法繼承你之前的任何東西，無論是好還是壞。

波賽斯之前在費城開過一家叫蜜德莉的餐廳。二〇一二年，他一開始在那裡做廚師，後來晉升為行政主廚。這家餐廳已經關閉了：生意不穩定，員工們沒有以該有的方式互相合作。「也許一部分的原因是沒有建立這些系統，也沒有適當地進行培訓。」波賽斯說。這段經歷讓他非常認同尚－喬治開餐廳的方式。「看看這個房間，看看這些支持。如果我只有一個人做，我可能頭髮都掉光了，還瑟瑟發抖。」

就在這時，馮格里奇頓來了，他說：「這裡感覺很好。」他注意到一個年輕女子獨自在吧檯吃東西，猜想她是不是《紐約客》的美食評論家漢娜·高菲爾德（Hannah Goldfield）。不是，我告訴他，但他不相信我。他跑到送餐窗口那裡，抓起一份列印出來的文件，上面有著名餐廳評論家的頭像照，包括高菲爾德、《紐約時報》的皮特·威爾斯（Pete Wells）和《紐約雜誌》的亞當·普拉特（Adam Platt）。他指給我看，然後又看了看吧檯旁的那個女子。OK，他承認，是虛驚一場。

我們看著布雷林向一位廚師展示如何正確地替鰤魚擺盤，在魚身上放了一堆白蘿蔔。費德曼站在櫃臺旁，解決座位問題。住在附近的五個人想要用餐，但他們沒有訂位。他們給了費德曼一百美元（他們說，是要給員工的），她說她會看看能做些什麼。過了一會兒，她把錢投到員工小費箱裡，告訴這幾個人她可以安排座位給他們，他們欣喜若狂。

在某些情況下，馮格里奇頓會悵然地談起過去那些單純的日子，那時他只需要經營一間餐廳，那時他只需要擔心拉法葉或 JoJo。縮減規模（如果他能做到的話）可能是最快回到米其林三星的路徑：評論家希望主廚不斷創新，但他們也會獎勵某些類似禁欲主義的主張。孤獨的天才親自照料著七個座位的吧檯，這個故事比一年開七家餐廳的主廚更有吸引力。

馮格里奇頓的兩難處境是，讓拉法葉和尚－喬治如此偉大的驅動力，與讓他不可能止於擁有一、兩家餐廳的驅動力一模一樣。這種欲望就是想對一切都說「好」，想要解決每一個問題，想讓每個人都開心。他說：「我進入這一行，是因為我喜歡寵愛和照顧別人。」如果你有能力在四大洲的十八座城市做到這一點，而不只限於中央公園的一間餐廳裡，你難道不會去做嗎？

天已經黑了，布魯克林大橋的燈光反映在水面上。布雷林退後一步，欣賞著工作中的團隊。他說，看著一個廚房從零到完整，不管看幾次還是令他驚嘆。三星期前，他們手忙腳亂地連二十份餐都差點做不出來，現在他們能做出一百四十份。他說：「開餐廳就像生養一個寶寶，是一段艱難痛苦又複雜的過程。你要確保寶寶能自己呼吸、自己吃飯、自己走路、自己長大。」開幕第一個月，他每天晚上都會來富爾頓。「在那之後，我還是至少每星期會過來一次，你知道，直到永遠。」

他轉身回到廚房，波賽斯和馮格里奇頓正在那裡討論一道菜。就算它還不夠完美，最多也就差一、二克。

第二條守則

從右到左計畫

——年復一年準時交件的花農和飛機製造商

如果你從奧勒岡州走紅杉高速公路，穿過邊境進入加州，沿著克拉馬斯山脈一直開到沒有路時，你就會來到一個俯瞰太平洋的小高原上。這個地方夏天不會太熱，冬天也不會太冷，而且有足夠的年降雨量，適合種植一種稀有作物：麝香百合（Lilium longiflorum），也叫復活節百合（Easter lily）[3]。

在史密斯河鎮附近大約三平方英里的平坦可耕地上，有四個家庭農場，生產著所有在美國和加拿大銷售的麝香百合：大約一千萬個球莖，根據每年狀況略有增減。幾十年前，在花農還沒有發現摘去花蕾會使得收穫季節的球莖長更大之前，每年七月，田地裡都開滿了嬌嫩的白花，人們會沿著這段海岸開車，只為了看看這片花海。「真的沒什麼能比七、八或十英畝的麝香百合更壯觀了，它們都在滿月之夜盛開。」其中一個農民告訴我。

你應該有注意到，我說百合在七月盛開，至少在這個地區是這樣。那麼花農是如何讓這種花在三月或四月開花的呢？（每年復活節的日期都不一樣，相差可能達三十五天。）這裡我們會看到一種對最後期限的掌控能力，跟農業世界中的其他方式都不同。

尚－喬治管理公司的團隊運用的是中間期限，盡可能保持著一定的秩序邁向開幕日。而百合花農則更進一步：年復一年，制定計劃，毫無差錯地在最後期限前完成任務。

要了解他們是怎麼做到的，我們要繞道去參觀一個運作空間，表面上看起來，它與麝香百合農場泥濘的田地和棚子完全不同：飛機製造商一塵不染的裝配線。我們還將學習史密斯河的農民如何避免計畫謬誤的陷阱——這是一種人類心理的怪癖，使我們長期低估一個專案需要多少時間和精力。（也可參考侯世達定律〔Hofstadter's Law〕：「就算你已經考慮到侯世達定律，做事花費的時間也總是比你預期的長。」）百合花農承受不起這個錯誤，否則就會倒閉：錯過復活節最後期限的結果是致命的傷害。畢竟，草莓晚一星期成熟還是可以賣得出去，但我在史密斯河時一直聽到的是：「復活節第二天，麝香百合就沒有價值了。」

3 復活節（Easter）是基督教重要的節日之一，是為了紀念耶穌被釘死後，於第三天復活的事蹟。而麝香百合往往被用來做為耶穌復活的象徵，故得其名。

從截止日回推

為了確定每年的時間表，花農要從復活節週日開始往回推算：必須在溫室裡至少放一百一十天，讓植物開花（稱為催花〔forcing〕），在攝氏四度以下的溫度中冷卻六週（稱為春化〔vernalizing〕），也就是待在一個儲藏設施裡的假冬天，時間正好是北美洲真正的冬天。把這些天數加起來，拿著日曆往回推算，會落在十月初到十月底之間。收球莖的時間可以隨著復活節變化，他們的做法正是如此。

琳達・克羅克特（Linda Crockett）是百合花農的第二代，也是德爾諾特縣農業局的經理，她說十月總是農場最忙碌的時候。這段時期內花農所做的事情，會決定他們是否能在復活節期限前完成任務。所有的任務同時進行：工人們把百合球根從地裡拔出來，按大小分類，夠大的就裝上卡車，運到全國各地，然後他們也要為下個季節重新種植較小的球根和鱗莖。種植、收穫和運輸，全都同時進行。

我在十月的一個早晨見到她時，克羅克特看起來就是一個正在為了緊繃的最後期限瘋狂趕工的人。她穿著濺滿泥漿的橡膠靴、牛仔褲和連帽運動衫，灰白的短髮有點淩亂。「大家都非常累，」她告訴我：「我想不出有還有什麼作物能跟這個一樣逼得這麼緊。」

克羅克特脾氣暴躁、專橫，同時又充滿關切。她有個中斷談話的習慣，就是完全不加解釋地直接開車離開。在農業局辦公室，她看到我在看一本小冊子，標題是〈根據感覺和外觀推測土壤濕度〉。川普（Donald Trump）、彭斯（Mike Pence）和農業部長桑尼．帕度（Sonny Perdue）的照片在牆上盯著我們。她說：「坐在辦公室裡，你什麼也學不到。」她叫我第二天到帕爾默．威斯布魯克農場找她，她在那裡的球莖分類棚裡做兼職。每天早上七點開始上工。

◇◇◇

六點半，我到達威斯布魯克路上的帕爾默．威斯布魯克農場，第一縷旭日從東邊的群山後面升起。史密斯河鎮是一個隨意的地方：幾座教堂，一間酒吧，一間漢堡店，都在不同的路上，沒有真正的鎮中心。這片開闊的土地就像一塊百合花田和乳牛牧場組成的拼布，至於四家花農建造的建築（通常就是球根分類棚，一個儲存設施，也許還有一個溫室）是如此之小，在整片景觀中幾乎看不到。然而，全國所有的麝香百合花都是出自這裡。

在威斯布魯克的分類棚後面，大約有八英畝花田準備於今天收穫。在它旁邊，另一塊地已經挖好並重新種植。當時的氣溫為攝氏八・九度，幾乎是史密斯河的最低溫度。看一眼天氣預報，就會有一種奇異的感覺：每天最高攝氏十五・五度，最低攝氏七・二度，一整排太陽彷彿在遊行一樣，是種植百合的完美天氣。我繞著分類棚走了一圈，發現了一扇敞開的門。

這座建築長約六十公尺，寬約三十公尺，有高高的鋼製屋頂。每天從早上七點到下午四點半，工人就在這裡清洗球根、分類、裝箱，然後準備運輸。在卡車到達之前，隔壁有一個溫控倉庫可以存放這些箱子。

在分類棚的中央有個塗成黃色、巨大的蘋果分選機，看起來像個由輸送帶、斜槽和秤組成的迷宮。麝香百合產業還不夠大，沒有自己專用的設備，因此所有機械都是從農業世界的其他角落取來重新利用，或者自行製作。在田裡用馬鈴薯挖掘機，在棚內用草莓清洗機，再用蘋果分選機來替球根稱重與分類。威斯布魯克的蘋果分選機是由一家名為FMC的公司所製造，這間公司幾十年來也為軍方生產水陸兩用車。在威斯布魯克的棚子裡，機器側面的一塊牌子上寫著「食品機械和化學公司」，這是該公司在一九四八年至一九六一年間的名字。

從田裡運來的球根都裝在棧板大小、高至腰部的木箱裡，每個木箱裡裝著數千個球根。把這些球根倒進料斗中，再分發到移動的輸送帶上，工作人員站在輸送帶旁除去一些小枝節，修剪太長的根。然後，它們經過草莓清洗機，先以噴霧器沖洗掉一些泥土，再進入一個裝滿水的振動臺，把殘餘的泥土都洗掉。然後，濕的球根掉落在分選機的第一條帶子上，工作人員將球根一一放入單獨的杯子中稱重，接著機器會自動把球根分類。最輕的可能拿去重新種植、賣給其他農場，或做堆肥。比較大的「商用」球根分為四級：7／8（周長在七到八吋之間的球根）、8／9、9／10和10＋。接下來是更多輸送帶，將這些球根運送到正確的包裝站，在那裡，工作人員會把它們裝進盒子裡，覆蓋上泥炭土，最後送進倉庫等待運輸。整個操作看起來就像有史以來最髒、最泥濘的魯布・戈德堡（Rube Goldberg）[4]式機器。

在生產線開始之前，幾個人已經開始組裝用來運輸球根的木箱。他們是整年制的員工，而不是季節性的員工，一群來到加州、想過冒險生活的年輕人。其中一個身材瘦長的孩子留著蓬亂的紅鬍子，他離開賓州，希望成為鮭魚漁夫，但他只在船上待了幾天就不幹了，因為他發現船長是個酒鬼。他說：「要跟一個混蛋朝夕相處的話，船實在是太小了。」他在威斯布魯克一年了，組裝箱子、駕駛堆高機、做任何需要做的事情，讓挖掘、分類等工作都能夠順利進行。

快七點時，生產線的工作人員陸續到達。威斯布魯克的生產線清一色是女性，幾乎全都是來自墨西哥和中美洲的移民。赫斯廷公司的前總經理哈利・赫姆斯（Harry Harms）告訴我這是常態。赫斯廷公司在史密斯河鎮和邊境另一邊的奧勒岡州都有田地。他說：「女性是這裡的中堅力量，而且她們每個人都還必須回家煮飯、打掃和洗衣。如果你不懂得珍惜敬重她們，那你就是個白癡。」

大約十五名工作人員在電子打卡機前排隊打卡，有幾個人見面便互相擁抱。就在距離七點剩下幾秒鐘的時候，最後一個人也打到卡了，於是大家很快地進入生產線。鈴聲響起，輸送帶啟動。生產線上的球根們依然待在昨天下班時它們所在的地方，所以每個人立即開始全速工作。在料斗旁，工作人員抓出可能會卡住機器的雜枝和莖。在蘋果分選機的第一站，他們開始把球根放入量杯。再往下，他們檢查這些商用球根，確保它們的周長與包裝相符。他們要到十點才能休息，然後是午餐時間，下午兩點半再休息一次。這是非常耗費體力的工作。

今天有幾個負責輸送帶前端的員工沒來上班，所以克羅克特試著說服其中一名女子移動位置。那個女子對克羅克特寬容地微笑著，但看起來她似乎沒有打算聽從指示。最終，克羅克特放棄了，她把我拉到分類線旁，從帶子上拿了一個9／10，問我看到了什

4 美國猶太人漫畫家，畫了許多用極其複雜的方法從事簡單小事的漫畫。

麼。它看起來就像一顆剝了皮的蒜頭，全是肉質的蒜瓣，沒有皮，底部還長著一些細長的根。不，她說，看仔細點。我發現這個看起來像一顆大球根的東西，其實是長在一起的兩個半顆球根。克羅克特說，這叫「double nose（連體球根）」。如果讓它在溫室裡生長，它會產生兩支獨立的莖。有少數買家會想買這樣的花，但大多數人還是想買標準的麝香百合：一支莖，一簇深綠色的葉子，五朵以上的白色喇叭狀花朵。她把連體球根掰成兩半，扔進廢品堆。

自一九八〇年代以來，克羅克特一直在做麝香百合的生意，當時她父親買下她家乳牛牧場對面的百合農場。他們把這個新的業務命名為「克羅克特聯合公司」，她開始做時二十多歲，現在已經六十一歲了，這使她成為世界上數一數二判斷球根商業前景最有經驗的人。

幾年前，父親去世後，克羅克特和哥哥為了誰來經營農場而大吵一架。兩個人對公司的經營方式都有自己的想法，但她哥哥控制著公司的運作，最後他把她趕了出去，從那以後他們再也沒說過話。她加入威斯布魯克時，她哥哥很驚訝——至少她聽說是這樣。克羅克特說：「我想他以為我會離開，但我沒離開。」

一種靜止感籠罩著棚裡的工作人員們。但不是真的靜止，因為他們在生產線上快速地移動球根，而是一種穩定、一種勞動的韻律，使得整個充滿塵土、叮噹作響、毫不間斷的操作看起來極為平靜。要在復活節這個截止日期前，將百合花及時運送到市場上，這不像在富爾頓那樣，要在品質和穩定性上取得突破，也不是要等待合適的天氣到來，這部分我們將於下一章的泰勒瑞滑雪度假村看到。我選擇這個地方是因為它的可預測性。要把事情做對，就要解決一個數學問題：計算你需要處理的球根數量以及處理它們的速度。從復活節開始往回算，確定開始的日期，然後把輸送帶打開。

「從右到左」的時程表

就在我去史密斯河鎮不久之前，我和一個叫比爾・韋斯特（Bill West）的人聊過，就是他給了我一個詞彙，讓我得以形容麝香百合花農使用的方法。當時我正要參觀空中巴士在阿拉巴馬州莫比爾市建造的裝配線，這家歐洲企業集團在這裡為美國市場製造飛機。從規模、收入和精密程度上看，空中巴士與家庭農場是天差地別，但在按時交付產品的方法上卻有著相似之處。

韋斯特是空中巴士美國工程（Airbus Americas Engineering）的營運主管，所以他花了很多時間思考時間表和規劃。他只是龐大行動中的一小部分——他的專長是機翼結構，但他知道如何堅守最後期限。他告訴我：「只要我告訴捷藍航空（JetBlue），我將在今年十二月十五日交付一架飛機，它就必須在那個日期交付。」在莫比爾的裝配線上，每六天就會生產一架新的空中巴士A320（與波音737競爭的一種單走道飛機）。

然而，從飛機的最初研發，到FAA（Federal Aviation Administration，美國聯邦航空總署）認證，再到生產，這過程可能需要十年時間，裝配線只不過是最後一段。整個過程需要花費大約一百五十億美元。他告訴我：「你要倒著安排時間表——從右到左，我們都這樣說。」

就跟百合花農一樣，**先確定最後期限，然後從那個時間點開始往回推算。你規劃出過程中每一階段所需的時間**（無論是春化球根還是設計一個新的機翼形狀），**然後設定**

開始執行的日期。如果你是用另一個方法——從左到右，你會招致無盡的時間和成本超支。或者，如果你是一個百合花農，這表示你在復活節時沒有花。這道理簡單到聽起來就像贅述：**要有一個截止期限，才有可能在期限前完成任務**。

莫比爾是一個工業港口，見慣了乾船塢和運輸起重機在城市的住宅和辦公大樓之間顛簸的景象，但看到空中巴士的大型設施離市中心如此近，仍然令人感到奇怪。從時代廣場到蘇活區的距離是三英里（約四．八公里）。A320的機庫位於空中巴士路三二〇號。很快，他們也將開始在莫比爾生產A220，而該機庫將位於——沒錯，空中巴士路二二〇號。

一位名叫克利絲蒂．塔克（Kristi Tucker）的空中巴士員工帶我參觀稱為最終裝配線（Final assembly line，簡稱FAL）的巨大機庫，工作人員們正在那裡製造A320。塔克告訴我，園區裡的每一棟樓都有編號，但不是按順序編號，而是從德國漢堡市的A320園區複製這些數字，因此我可以看到八、九、十、十二和十九號樓，但中間的數字就沒有建築物。（這麼做是為了保持編號一致，便於與歐洲溝通。比方說，兩個城市的ＦＡＬ都在九號樓。）

ＦＡＬ的機庫有一種完全靜止的感覺，如同身在沒有人聲和噪音的圓頂體育場中。我們走上三樓的天橋，看著下面正在成型的飛機。建築內部有四個站：四一號站，工作人員們在這裡將機身的兩半連接起來；在四〇號站裝上機翼和起落架；在三五號站裝上尾翼；還有碼頭，裝上引擎的地方。這些數字代表了飛機距離交貨的天數——或說是過去所需的天數，現在空中巴士已經加快了整個過程。塔克說：「我們越來越精簡與苛求。」每個站都有一個倒數計時鐘，計算每架飛機還有多久要移到下一站。在那一刻，上面寫著兩天四小時十五分鐘又三十二秒。

在四一號站的工作人員們組裝機身之前，他們在開放的兩端安裝廁所和廚房。這些預先組裝好的物品統稱為「紀念碑」（monuments）。要從四一移到四〇，機身是在空中飛行，用起重機懸掛在天花板上。過了四〇以後，飛機就靠自己的輪子轉動。塔克說，漢堡的ＦＡＬ看起來和這個一模一樣，只是這裡的起重機是黃色，不是橘色。

在四〇號站，工作人員使用一個拱形樓梯爬到飛機中央的上頭。他們正在安裝機翼，這是整個過程中最複雜的部分，要用一千兩百顆鉚釘，鉚釘的位置要精確到十分之一公釐。為了加快裝配速度，另一組機翼和派龍[5]已經放置在安裝的機翼下面，準備迎接下一個機身到來，就像打擊者從打擊預備區走到本壘板上一樣。

垂直尾翼已經預先上漆了，所以在飛機到達三五號站時，你就能看出客戶是誰。一架為達美航空（Delta）準備的飛機在三五號站，一架為邊疆航空（Frontier）準備的飛機在碼頭站。空中巴士會在碼頭站安裝協力廠商的設備，包括座椅，航空公司可以從目錄中挑選。到了這裡，飛機已經很接近交付狀態，工作人員必須穿上特殊的無口袋衣服和靴子，以免刮傷它。

在ＦＡＬ，飛機還要繼續測量，測試油箱，然後到油漆間。漆一架飛機需要七到十天，然後它會被送到飛行線的機庫，在飛機第一次飛行之前，每個零件都要在那裡進行測試。空中巴士公司在莫比爾保留了一批試飛員，測試時他們會讓飛機承受大於正常操

5 派龍（Pylon）為直接音譯，是引擎與機翼銜接的結構。

作時的壓力。

在空中巴士完成所有測試後，航空公司會再用自己的飛行員進行「消費者試用飛行」。整個交付過程需要四天，包括試飛和所有權轉讓。交付中心的空間可停放五架飛機，可容納生產線每個月生產的所有飛機。最後一天是所有權轉讓日。航空公司將錢匯給空中巴士，然後就能正式擁有飛機，現在是他們的了。

好了，我用了幾千字描述過去的四十天，或說是一個十年的過程。從韋斯特的起草委員會到最終交付，需要一個系統來管理這些複雜的運作，**而這一切都始於從右到左的規劃**。

逐漸沒落的產業

我在麝香百合之鄉遇到的許多人，對這個產業的歷史都有一套自己的記憶，隨時都可以向遊客解說。我和克羅克特在農業局第一次見面的幾分鐘內，她就跟我說了她自己的版本。

故事通常會從第二次世界大戰期間講起，這也有其原因，但我要追溯到更早，從十八世紀晚期，瑞典博物學家卡爾．彼得．通貝里（Carl Peter Thunberg）在日本「發現」百合開始講起。通貝里和當時在日本的大多數歐洲人一樣，被限制待在長崎海岸外的人工島出島，他與日本人的交流也受到限制。然而，在證明他善於治療梅毒之後，日本人便允許他探索本島的某些地方，他在那裡收集植物樣本。其中一種就是麝香百合。

到了十九世紀中期，這種花來到了百慕達群島，在島上，它變成在早春時開花。赫斯廷公司的花農哈利．赫姆斯認為這種花在美國傳播開來的原因，是一位到百慕達度假的費城花商：「他在復活節期間看到這種花在那裡盛開，然後說：『天哪，這種花絕對很好賣。』（和大多數起源故事一樣，這個故事似乎是事實和虛構的混合體。）百慕達百合就這樣占領美國市場數十年，足以使它成為復活節教堂儀式或復活節午餐餐桌上的標準配花。一八九〇年代，一種病毒摧毀了島上的農作物，轉由日本花農來滿足市場需求，而百慕達的市場再也沒有恢復（不過，百慕達每年仍會贈送一批百合花到白金漢宮，作為給女王的復活節禮物）。

在沒有戰爭的日子裡，日本每年運送二千萬到二千五百萬朵百合花。當然，珍珠港事件（Attack on Pearl Harbor）中止了進口，百合花的價格暴漲。加州和奧勒岡州的農民已經在花園地上種植了少量的耐寒品種。當價格攀升到一個球莖一美元時，這些植物就從邊緣地帶轉移到中央舞台上。從波特蘭到聖克魯斯，百合農場如雨後春筍般出現。在西海岸，一度有多達一千二百個商業種植者。

從那時起，這個產業就開始了整合，首先是實力的標誌，因為現金充裕的花農相互收購，然後是疲弱，因為成本上升和價格下跌促使農民尋找任何提升成效的方法。我和許多百合花農的談話內容，都是關於他們的生意還能維持多久。不久，大家達成了共識。赫斯廷的辦公室經理瓊・馬庫姆（June Markum）說：「我們過去把球根稱為白金，現在已經不這麼稱呼了。」

赫斯廷公司的位置就在海的上方，在海邊的高高懸崖上。辦公室本身覆蓋著人造木鑲板，看起來像是自從《達拉斯》（*Dallas*，一九七八年開播的影集）播出以來就沒有翻修過，但透過窗戶，藍色的太平洋明亮得讓人眩目。馬庫姆告訴我，年復一年，她面臨著兩大挑戰：雇用足夠人手來收獲和處理球根，以及找到足夠的卡車來沿海地區運走它們。最近尤其難以找到可靠的勞動力，當地人不想做這份工作，移民工人也在三十年的移民鎮壓中漸漸被逐出。她拿了一份厚厚的資料夾給我看，裡面是曾經在這條生產線上工作過，後來離開者的申請書。在其中一份申請書的最上面，有人寫下：「太焦慮無法工作」。至於卡車，他們一季大約需要兩百輛聯結車。但是，由於農場距離最近的州際公路要好幾小時車程，而且這個地區也沒有太多其他聯結車可做的業務，因此卡車必須「專程」去載運百合花，這需要額外的費用。

馬庫姆說，剩下的四家花農正在密切關注他們的競爭對手：「我們在等著看下一個退出的是誰。」但她也堅持赫斯廷希望每一間都能撐下來：「我們希望小花農繼續生存下去，因為他們是家族企業。」她從牆上扯下一頁紙，上面記載從一九九六年到二〇四五年，每一年的復活節日期。我想，他們得再印一張接下來半個世紀的日期表了，如果赫斯廷到時還在經營的話。

赫姆斯來了，他接著馬庫姆的話繼續說。他說，儘管百合花農面臨著種種麻煩，但現在他們的效率比以往任何時候都好，再也沒有人會錯過最後期限。他們曾嘗試各種創新：培育新品種、噴藥防止灰黴病或線蟲、決定在開花前剪掉花蕾，使球根長得更大。赫姆斯說：「我們控制事情的能力比過去好非常多了。過去，讓百合在復活節綻放是一種藝術，其實一切都是障眼戲法。」從收球到低溫保存，放到溫室，再到最後出售，所有時間他們都調整好了，工廠本身也變得越來越標準化。五朵花，六十公分長，一切準備妥當。

他們在期限內交付的能力不是問題，問題在於他們無法控制價格。這主要是因為大賣場占了它們的大部分業務。如果家得寶（Home Depot）或沃爾瑪（Walmart）決定把麝香百合的售價從十美元降到八美元，農民們也無能為力。赫姆斯說：「這就是我們的滅亡，會讓我們破產。這就是我們倒閉的原因。當世界上最大的零售商在每一棟建築上都寫著『永遠最低價』時，你認為損失的是誰？小販們。小販們被摧毀了。事實上，公平地說，沃爾瑪並不是最糟的，其他的大賣場更殘忍。」赫姆斯還看到這個產業過去依賴的季節性勞動力已經消失。他說：「人員就是一切，可我們人手不夠。」在邊境嚴格管制之前，加州各地的農民可以找勞工採草莓和櫻桃，接下來採番茄，秋天採麝香百合等特殊作物，冬天再前往南方採橘子。這些勞工們從墨西哥過來工作一、兩年，然後帶著現金回家創業或蓋房子。現在，這些移民比較有可能留在美國，而不是冒險再次穿越邊境，這也就代表他們會尋找能讓他們留在某個地方、建立生活的工作。像麝香百合這樣的特殊作物失去了勞動力。

結果是，在這個系統中，任何勞動密集型作物都變得越來越難以生產，而機械化操作卻蓬勃發展。赫姆斯說：「如果你想一輩子都吃豆子、米、大豆、玉米和大麥，那你就來對地方了，但如果你想吃櫻桃、黃瓜或其他類似的東西，那你就沒那麼幸運了。農業正在消亡，農業是弱勢，這一切發生得非常快，就在我們眼前。」

在憤怒的背後，是對他奉獻了一輩子的作物堅定的愛。他說起百合花，說起它的美麗和脆弱時，帶著一種近乎溫柔的感情。他還說，如果從賺錢的角度來看，每個人現在都已經離開這個產業了，但他們都「上癮了」。他懷念那些單純讓鮮花盛開的日子。

在威斯布魯克，工作人員們還在打包百合球根，把木箱釘上，再裝到堆高機上，運到儲存建築中。克羅克特問我想不想見見威爾．威斯布魯克（Will Westbrook），他和他的兄弟馬特（Matt）共同擁有與經營著帕爾默．威斯布魯克。我們看見他站在生產線的末端附近，在開關輸送帶的控制盒旁邊。威斯布魯克四十幾歲，但看起來年輕得多，體格健壯，臉曬得黝黑，戴著棒球帽。他的指甲縫裡有泥土，那是他在檢查生產線上的球根時留下的。

威斯布魯克說他很樂意聊聊，但他得注意時間。「離午餐鈴聲響起還有十四分鐘。」他說，那個時候所有工作人員都會離開，不管輸送帶是否還在移動。他的利潤已經非常緊繃了，不能再損失任何球根。他底下很多最優秀的員工都被川普政府的移民政策趕走了，再加上加州的最低工資法，留下來的人得到了更高的報酬，他帶著一種宿命論的態度接受了這項法令：「最低工資的加班費是多少，十八美元？哇，這是我第一次這麼大聲說出來。」他搖了搖頭。

威斯布魯克毫不避諱地說出現在對他最有幫助的東西，他說：「我希望能找到一些知道如何分類百合的機器。」荷蘭人是花卉界的大師，他們有一種自動分類機，可以取代他的蘋果分選機，不過那是為鬱金香打造的，鬱金香球根比百合更耐寒。但反正他也買不起。我想起赫姆斯對我說過的話：「這就是資本主義的目標：確保沒人有工作做。」

威斯布魯克可能夢想著擁有荷蘭的機器，但與此同時，他對底下的工作人員非常好，令他們願意年復一年地回來。就在其他公司不得不透過申請來保持人手的時候，威斯布魯克留住了一些經驗豐富的分類工人，他們大多是來自墨西哥的移工，一開始是為他的父親和叔叔工作，那時農場的移工換工作比較容易。

當時鐘走到十二點半時，擴音器會發出一種像打開牢房一樣的鈴聲，威斯布魯克走到輸送帶的控制盒旁。當鈴聲在棚子裡迴響時，克羅克特從她的藏身之處冒出來。威斯布魯克按下停止按鈕，機器停住，每個人都跑到微波爐前加熱午餐。生產線一停，威斯布魯克就鎖上控制盒，防止有人在他們清理機器時又把它打開。克羅克特提到她以前在克羅克特聯合公司的一名員工，在機器維修的時候，有人啟動輸送帶，導致那個員工失去了一根手指。威斯布魯克看著我說：「歡迎你去任何你想參觀的地方，但盡量不要弄斷手指。」

外面，工作人員們坐在卡車後門和汽車保險桿上吃午餐。其中一個名叫菲力蒙的員工帶我去看「放置機」，也就是他們用來種植的拖拉機。它上面有一個特殊裝置可以鑽土，並按一定的間隔放置球根，全部都以步行的速度進行。商業球根通常以一片鱗莖開始，一個丁香大小的鱗莖，在年底時會成熟到胡桃大小。球根都在十月收成並重新種植，然後隔年再次收球，那時它已經長成一個完整的球根——但仍然不夠大，還不能夠販售。一般來說，在地下多埋一年就足以讓它長到七吋以上，但有些鱗莖需要五年才能長到這個尺寸。菲力蒙告訴我，自他從墨西哥城來到加州，他已經為威斯布魯克工作了十年。剛開始的時候，大部分工作都還是靠手工完成，多年的挖地和再植，只是為了得到一顆一美元的球根。

收穫球根的工作也有一部分自動化了，但仍然相當艱苦。克羅克特帶我到田裡，看工作人員用挖馬鈴薯的機器把一排球根從土裡拔出來，那機器看起來就像一個被拖拉機拖著的合成板小棚子。三、四個男人（在田裡的大部分是男性）站在那個被拖著走的木板結構裡，還有一個人趴在一張有輪子的小桌子上，桌子裝在拖拉機和小棚子後面，像車尾一樣被拖著走。整台機器看起來像是臨時搭建，搖搖晃晃，令人難以置信，但它卻是四間花農收球根用的標準工具。克羅克特把我拉進棚子裡，告訴我怎麼用。

在這棚子的前面，拖拉機的後面，有一個鏟子插入土裡，可以拉出底下的東西：在理想的狀況下，拉出來的是一束百合球根。挖出來的球根、石頭和其他各種東西會經過一條短輸送帶進入棚子，工作人員會挑出球根，把它們扔到另一條平行的輸送帶上，這一條輸送帶會把球根送進一個大木箱，最後再把箱子送到生產線的起點。其他所有沒被放到保留輸送帶的東西，就會從主輸送帶的後面出去，掉回田裡。後面那個趴在小拖車上的人（他們把人和拖車都被稱為爬行者），要撿回其他工作人員不小心丟掉的球根。

即使是這種搖搖欲墜的裝置，也比以前的收成方法進步了。赫姆斯說，他剛開始做這一行時，史密斯河鎮還沒有挖馬鈴薯的機器。那時的工人是手腳並用地爬在拖拉機後面，用手撿球根。「你可以拖一個箱子，選好一排，然後爬著把球根撿起來。箱子裝滿之後，再拿一個空箱子。」然後重新開始整個過程。

馬鈴薯挖掘機裡的工作人員太忙了，連看我和克羅克特一眼都沒有。拖拉機繼續開著，我們顛簸著穿過田地。哪怕是一秒鐘的分心，都可能讓一個球根在沒有救援的情況下被遺漏，就等於在小棚子後面遺落一排鈔票。

克服樂觀導致的延誤

從右到左的規劃聽起來很簡單，但這需要像克羅克特和威斯布魯克這樣的人來克服人們常見的錯誤，即所謂的「計畫謬誤」（planning fallacy）。

這個詞是一九七七年時，阿莫斯．特沃斯基（Amos Tversky）和丹尼爾．康納曼（Daniel Kahneman）為DARPA（美國國防高等研究計畫署）撰寫一篇關於預測的論文，在文中創造的名詞。康納曼後來說，他的靈感有部分來自與一群學者共同撰寫教科書的經歷。在那個專案開始時，他請每位參與者估計需要多長時間，得到的平均值是兩年。結果花了九年。

我們大多數人都是樂觀主義者，這或許能讓我們成為餐桌上的好同伴，但也代表我們在預測未來方面很糟糕。我們傾向於低估專案計畫所需的時間，如果這案子牽涉到預算，我們也會低估費用。富爾頓所在的十七號碼頭建案就是如此，事實上，這正是普遍困擾建築業的問題。其中最著名的例子可能是雪梨歌劇院，它於一九五七年動工，預計一九六三年完工，預算是七百萬澳元。結果這座建築直到一九七三年才完工，而且是在整個計畫最有雄心壯志的版本被縮減後，才終於完工，最終成本為一億兩百萬。

計畫謬誤就是在面對一個專案時，傾向於抓住最樂觀的時間表，而忽略任何可能會讓你修改預測值的資訊。威爾弗里德．勞雷爾大學的心理學教授羅傑．比勒（Roger Buehler）認為，人們對這些結論相當固執，即使有證據表明他們過去判斷錯誤，雖然他們知道「自己以前的大多數預測都過於樂觀，但他們就是相信自己現在的預測很符合現實。」貝爾實驗室的前軟體工程師湯姆．迪馬可（Tom DeMarco）曾經說過，軟體完成的截止期限是「最樂觀的預測，有非零機率可能實現」。

比勒和安大略省滑鐵盧大學的一些同事對他們的學生進行了一項測試，看看他們預估何時能完成作業的能力有多差。他們讓三十七名大四學生做了三個預測：一、「如果一切都很順利的話」，他們繳交榮譽論文的日期；二、「如果一切都很不順利的話」，他們繳交榮譽論文的日期；以及三、他們對實際繳交作業日期的最佳預測。

事實上，在他們認為最有可能完成的日期前繳交作業的人不到三〇％。樂觀的預測更慘——平均差了二十八天，只有十％的學生在這一天之前完成。然而，最令人驚訝的結果可能是悲觀的預測。即使問題中已明確提到「如果一切都很不順利的話」，學生們的預測仍然過於樂觀，只有不到一半的人在最悲觀的預測日期前完成作業。

我們預測的問題在於，我們把每一個任務都當成一個新問題。我們只會從左到右想：我們構建了一個關於自己將如何完成工作的故事，但忽略了我們或其他人過去做類似專案時的證據。康納曼的教科書就是如此：其中一位學者承認，他之前參與的專案至少花了七年時間。但是在估計這次的專案需要多少時間時，他和其他人一樣猜了兩年。

不過，也不是完全沒有希望。有一種方法可以克服計畫謬誤，或者至少減輕這種狀況。在後續的實驗中，比勒和同事讓另一組學生在一到兩週的期限內完成一小時的電腦課程。他們同樣要求學生預測何時能完成作業，但在這裡，研究人員插入了一個變因：他們讓一部分學生回想過去曾做過的、與這次類似的作業，並將這些經驗套用到他們的預測中。對照組則沒有得到這樣的指示。

結果相當顯著：雖然對照組和第一個實驗的學生一樣，表現出同樣的樂觀偏見，但在那些接受指示、將過去經歷和當前任務連結起來的學生中，這種偏見幾乎消失。他們預測完成課程的時間平均為七天，結果的實際平均值確實也是七天。

在赫斯廷的辦公室裡，牆上掛著一張追溯到一九九六年的日曆，自然有其原因。花農必須堅守復活節的最後期限——絕不能讓計畫謬誤在他們身上得逞。所以他們做了那些學生做的事情，只是沒有教授的督促。他們利用過去的經驗制定一個時間表，從右到左規劃，從復活節開始往回算。他們清楚知道百合要在溫室裡放置多久，需要儲存多久，以及把它們從地下挖出來放進箱子裡又需要多久時間。如果有人對上次復活節（假設是四月二十日）的狀況有疑問，他們很容易就能得到答案。畢竟，這些都是家庭農場：已經經營了好幾代，什麼狀況都見過。

之後的事

在我到達史密斯河鎮的前一週，美國農業部長桑尼．帕度在威斯康辛州的市政廳舉辦了一個「世界乳製品博覽會」。幾十年來，威斯康辛州平均每年失去九百間乳牛農場，家庭農場大多被大企業集團收購或倒閉，他們曾經有超過十三萬間農場，現在剩下不到八千間。有人向帕度問起這些正在消失的農場，而他拒絕向無法適應的農民提供虛假的安慰，他說：「在美國，大的更大，小的出局。」

赫姆斯在這種趨勢中看到的風險是，這些較大的農業公司可能會認為某些作物根本不值得種植。如果整個產業的收入約一千萬美元，但利潤只占其中的一小部分時，何必還要花上數年的勞動密集型過程，來讓一個球根開花呢？小型花農是麝香百合存活下來的唯一原因，誰也不知道它還能維持多久。

回到生產線上，威斯布魯克正在用卷尺測量幾個被淘汰的球根。如果沒有他的干預，它們的命運就是被丟進桶子裡，拿去重新種植或是製成堆肥。他抓了一個，用卷尺繞了一圈。卷尺上的數字都已經磨掉了，但他用奇異筆重新畫上七、八、九吋的線。這一顆剛好超過七吋一點點，但他還是把它丟進廢品堆（可能是因為我站在那裡）。

威斯布魯克準備好要迎接四點半的鈴聲了，屆時他會停下機器，這一天工作結束了。從七點運作到四點半，他每天要付一個小時的加班費。這是在「盡量節省工資」和「及時把球根裝箱，開始漫長的復活節旅途」的兩難之間，他和馬特達成的平衡，至少目前是這樣。這個季節的第一批卡車兩天前就來了又走了，下一批明天就到。威斯布魯克說，他們正處在最困難的階段。

就在我們談話的時候，克羅克特朝威斯布魯克扔了一個球根，剛好從旁邊擦過，沒打中他的頭。他說：「你永遠不知道什麼時候會爆發一場球根大戰。」生產線上的工作人員們一如往常地迅速作業，在正確的時間把球根送到正確的地方，儘管我看到有幾個人瞥了時鐘一眼。距離四點半只剩幾秒鐘的時候，威斯布魯克在輸送帶上放了幾盒巧克力焦糖球，它們隨著輸送帶前進，被分類的工作人員拿走，這是下班時的驚喜。

當鈴聲響起時，威斯布魯克去和馬特說話，我和克羅克特走出了小屋。或許是一天結束後的疲憊，也或許是她終於比較喜歡我了，在這最後階段，她似乎特別想說話。她說，她一直熱愛農業，尤其喜歡麝香百合。活到現在，她已經試遍了農場裡的每一種工作，從辦公室到爬行者。她這輩子的感覺都被農場排擠到一旁，她和哥哥之間的裂痕，也不過是最近的一次。「從小到大，因為我是女人，所以不能開拖拉機，但我很想開。」她認為沒有她，克羅克特聯合公司正在苦苦掙扎。

她的整個人生都獻給了百合花，這是一種很難種植的作物，困難到幾乎沒人想費心種植，但這正是她感興趣的地方。她說她年輕時，每天下班之後，她和父親都會坐在後門廊上聊天。他有一個龐大的投資組合需要管理——木材、乳製品、房地產、股票，當時的他已經不再日復一日地照看百合了。儘管如此，每當他們坐在門廊上時，他想和她聊的唯一主題就是：「那些百合怎麼樣了？」

第三條守則

堅定的「軟性期限」

——必須趕上滑雪季的泰勒瑞度假村

時間是二〇一八年十一月十五日，此時的泰勒瑞（Telluride）看起來一點也不像可滑雪的山。跑道又髒又黑，比較像洛杉磯河上毫無生氣的溝壑，而不是被雪覆蓋的草地。周圍散落著一些雪塊，但纜車都鎖在原地沒有啟動，鎮上街道幾乎空無一人。

在寒冷中，大約九十名男女（泰勒瑞度假村的資深員工）朝著離山坡不遠的一個會議中心走去。這組人將開放這座山，開始今年的活動，而他們只有一個星期的時間——至少他們計畫這樣。幾十年來，泰勒瑞都是在感恩節（Thanksgiving Day，每年十一月的第四個星期四）這天開放，從已經預訂飯店的家庭，到鎮上依賴旅遊業生存的小公司，每個人都希望這個傳統能繼續下去。

過去，泰勒瑞的員工或許要等待降雪自然地覆蓋山坡，但在二十一世紀，他們有更多工具可以使用。現在散落在原本光禿滑雪道上的那些雪堆，是連續幾個晚上造雪的產物——每當氣溫降到冰點以下，有個團隊就會從日落工作到日出，用高壓水槍對準天空噴射。

不只在泰勒瑞，每個大型度假村都會使用人造雪，這個發明挽救了數十億美元的滑雪產業，使其免受極端氣候變化的影響——某一年降雪量創記錄，隔年可能就是超級乾旱。但人造雪成本高昂，泰勒瑞的執行長比爾・詹森（Bill Jensen）計畫未來十年編列一千五百萬美元（約新台幣四・六億元）於人造雪。「未來五年可能都會下大雪，」他說：「但這樣我們就不用擔心了。」

趕上感恩節這個最後期限之所以重要，不是因為它能為度假村帶來鉅額利潤，而是因為它會為整個滑雪季定調，感恩節會來的千名滑雪遊客只是一小部分，真正的人潮會出現在聖誕節過後的那一週，每天大約有八千名滑雪者入場。詹森說：「傳統上，在感恩節那天都會有一場家庭聚會討論。」父母、祖父母和孩子們都聚在一起，他們會計畫接下來的假期，特別是聖誕節和春假。所以如果泰勒瑞感恩節時沒有開，就是在傳遞一個訊息：「我們還沒有準備好迎接你們來度假」。

詹森面對的競爭非常激烈，必須非常留意任何可能出錯之處。過去幾年裡，北美的大部分山脈都賣給了韋爾度假村或阿爾特拉高山公司這兩間大公司。泰勒瑞的年收入約為八千萬美元（約新台幣二十五億元），是僅存的幾家獨立公司之一。光是韋爾度假村的收入就超過二十億美元，他們還可以投資數億美元在地產上。這兩間公司都非常想挖走泰勒瑞那些大手筆的滑雪客戶。

巧合的是，韋爾度假村是在二〇一八年初開業：十一月十四日，第一批滑雪者抵達滑雪場。而那天的泰勒瑞，正如我們剛才所見的洛杉磯河，聖胡安山脈上覆蓋著一層白雪的鯊魚牙齒隱約可見，彷彿在責備著什麼。

設定假的截止期限

我和詹森的第一次交談是在十月中旬，那時他還不確定他們是否能在感恩節前造出足夠的雪，好讓他們準時開放。他們需要兩百個小時的寒冷乾燥天氣，雪量才夠覆蓋主山底部的一號和四號吊椅纜車周圍的山坡。「如果從下個星期開始，每天晚上都只有二十度，我們就可以開放。」他說，但聲音裡透著疲倦。在滑雪產業中工作了四十四年，他仍然只能望著天空，期盼願望成真。

詹森非常勇敢地邀請我到戶外去觀看泰勒瑞為了開放日的最後衝刺。二〇一八年的感恩節是十一月二十二日，這大概是最早的感恩節了，比起明年，他足足少了七天可準備的時間。（或者，用詹森的話說，是「少了七十到八十個小時的造雪時間」。）

就算天氣很合作，每年的開放日仍然是浩大的工程，員工人數要增加一倍以上。人力資源總監海瑟・楊格（Heather Young）說：「我們要『喚醒』一個滑雪度假村，員工從六百人增加到大約一千四百人。在今年第一次開放期間，每天都有二十到五十人加入我們的團隊。」有十二間餐廳要營業，要訓練數十名纜車操作員，有數千英畝的山地要巡邏，還有滑雪學校的工作人員。而最重要的工作是，有整座山的雪要形成並推到斜坡上。

這將是一場瘋狂的衝刺，但詹森和他的員工有個祕密武器，它的力量來自於在感恩節開放的真正意義。他們設定了一個最後期限，讓人產生一種印象——這是個成敗攸關的活動：人們那天會出現在山上，期待著去滑雪。但實際上，這是一次假裝為最後截止期限的「試開放」，**真正的期限是聖誕節後的那一週**，這期間的遊客占全年滑雪遊客總數的二〇％。如果他們不能趕上這個期限，整個滑雪季就毀了。

詹森說：「我整個職業生涯都在用這個比喻，開放這個滑雪區域就像在包裝聖誕禮物。感恩節的時候，我們要做的就是把禮物裝進盒子裡。十二月八日，我要用漂亮的包裝紙把盒子包起來。大約在十二月十八日到二十日，在包裹上繫上緞帶，然後就可以出發了。」

事實上，甚至有一個試開放前的試開放日：滑雪場會在感恩節之前，一個叫做「捐贈日」（Donation Day）的日子裡，舉辦一個限定滑雪者數量的滑雪活動，在這一天，纜車票的所有收入都將捐至當地的兒童滑雪俱樂部。

泰勒瑞為自己設定了一些條件，就像尚－喬治・馮格里奇頓在親友晚宴上設定的條件，以及我為約翰這樣的病態拖延型作家設定的條件：**堅定的軟性期限**。這種方法可以獲得期限效應的優點（專注、緊急、合作），而不會有任何缺點（魯莽、絕望、不完整）。

在本書的序言中，我們看過 Kiva，一間針對小企業的非營利性貸款機構，在設定截止期限後，完成的貸款申請增加了二四％。Kiva 後來又進行了第二次實驗，他們告訴借款人，在真正的最後期限前六天是軟性期限，如果他們能在軟性期限前完成申請，這些申請就會優先處理。結果呢？完成的申請又增加了二五%，比 Kiva 沒有規定截止日期時增加了五六%。

在泰勒瑞，詹森知道，如果他們來不及在感恩節開放，世界也不會毀滅。但如果他們成功了，就有十足把握能趕上更重要的最後期限——聖誕節假期。這種安排的明智之處，過去兩年間已經得到了證實，當時假期之前的天氣非常溫暖，所以感恩節他們還無法開放。二〇一六年，他們比最後期限晚了幾天。第二年，他們甚至晚了幾個星期——事實上，他們差點連聖誕節都沒辦法開放，導致整個聖誕季的生意都糟透了。天氣太暖，不下雪。他們沒有辦法讓跑道保持開放，滑雪遊客的數量也大幅下降。詹森告訴我：「那是充滿挑戰的一年，我們沒有做到。」楊格則說她已經把去年感恩節的記憶抹掉了：「就像生孩子一樣，為了保護自己，你會忘記不好的事。」

但即便是二〇一七年，失敗的慘烈程度也因為達成在感恩節開放的目標而有所緩解。詹森無法控制天氣，但他可以設定最後期限，激勵員工無論發生什麼事都要做到最好。但如果那一年泰勒瑞沒有在感恩節開放，而是計畫在十二月十五日（假設）開放，並因此延後造雪和其他所有工作，那麼在聖誕節的時候，山坡上將是一片荒蕪。這就是利用軟性期限的妙處：即使在最糟糕的情況下，你也能生存下來，並且你可以善用手邊的一切，讓情況變得更好。

訣竅在於認真對待「軟性期限」。詹森已經做出了最重要的決定——提前開放，但這取決於這座山中的工作人員們，如何善用期限效應，達到環環相扣的效果。只有每個部門的員工都把感恩節當作「硬性期限」，這一切才會奏效。

過去的證據讓他們充滿希望：十一月十五日，在滑雪季開放的管理者會議中，氣氛樂觀但堅定。大多數員工都是二、三十歲的年輕人，穿著寬鬆的拉鍊夾克配格子襯衫。他們看上去既健康又邋遢，就像摩門教家庭裡的叛逆份子。當詹森上臺時，大家都聚精會神地坐著，整個房間安靜了下來。

詹森已經六十多歲，有一雙水潤的藍眼睛，稀疏的灰白頭髮，臉上帶著愉快的神情。他的演講基本上是四十五分鐘鼓舞人心的談話，用意是消除二〇一七年的記憶。他說：「別太在意去年，去年就像是雷達螢幕上的一個亮點（a blip on the radar screen，意指小而不重要的事）。」在科羅拉多州，大概每十年就有一年會因為沒有雪而生意慘淡，所以那樣可怕的季節並非沒有先例。儘管如此，他還是說：「希望接下來我們會有很不錯的九年。」

我本來很疑惑，為什麼詹森這麼糾結於二〇一七年的狀況，但後來我明白了，在連續錯過感恩節期限兩年後，他知道他必須重申，他們絕對有可能做到，而且全體員工有責任讓它變成現實。這件事攸關重大：前一年公司利潤下降了五〇%。他們在沒有裁員的情況下渡過了危機——實際上，他們還提高了員工薪資。但如果他們總是錯過最後期限和失去遊客，他們就沒辦法繼續這樣做了。詹森簡單扼要地說：「今年我們必須復興。」

天氣是最大的難題

距離感恩節還有六天，我和負責山區營運和規劃的副主席傑夫．普羅托（Jeff

Proteau）坐在一間堆滿了文書檔案和資料夾的辦公室裡，這是三十年來就滑雪場的照料和經營問題進行談判的成果。當天萬里無雲，天氣寒冷，儘管太陽已經升起，但在霧之少女雪道（Misty Maiden）上，仍有五支水槍對著空中造雪。霧之少女雪道是一條直通市中心的寬闊滑雪道。

普羅托很重視最後期限。他的計畫是在第一天開放兩台「吊椅纜車」：一號和四號，以及圍繞它們的幾條滑雪道，這已經是泰勒瑞可滑雪區域裡相當大的一部分了，大約二千英畝，面積比東海岸大多數度假勝地的面積還要大。在開放日之後，造雪工人們就會開始到山的其他地區工作，目標是在兩週內——也就是聖誕節之前開放。

普羅托身材不高但體格健壯，看起來就是一個花很多時間在解決問題的人，有時會需要移動沉重的裝備。他說：「我的工作是站在其他人的前面，確保他們需要的一切在他們需要的時候都準備就緒。」幾年前，泰勒瑞在山頂開闢了數百英畝的新區域，一直延伸到海拔一萬三千多英尺的帕爾米拉峰山頂。他們必須與地方、州和聯邦政府協調，花費了非常大的功夫。他說：「你看到那邊的所有的文件夾，都是我們從每一個能想像到的角度進行檢查和分析的報告。從銀紋紅袖蝶（Fritillary Butterfly）的生態到可能發生的雪崩處，我們什麼都必須了解。」這些文件夾的書脊上標示著諸如「雪崩」、「地質與土壤」、「植被／濕地」、「土地利用」、「水文」，還有「上訴」之類的標題。

當普羅托來到泰勒瑞時，這裡還是一間家庭式的小公司。「老實說，有點破舊。」他說。沒有造雪，只有少量纜車，運作與否完全由天氣決定。不過這一切都改變了。現在只要天氣夠冷，他們每小時就能將五千加侖的水變成雪。

這並不是說自然降雪就不重要了：一旦他們打好人造雪的基礎，就會需要自然降雪。為了催化大自然還沒有提供的東西，他們把灑播雲種的地點向西邊延伸出去。這些是安裝在山頂上的遙控大炮，可以向大氣中發射碘化銀，促使雲層在經過聖胡安山脈時盡可能地凝結降雪。這項操作需要州政府的天氣調節許可——那是普羅托辦公室裡的另一個文件夾。

人工造雪和灑播雲種都是對這個產業中兩股力量的回應：滑雪這項數十億美元產業之崛起，以及氣候變化帶來的不穩定天氣。前者建立起客戶基礎，客戶期望服務的一致性和高品質，但後者讓這些事情更加難以實現。普羅托說，泰勒瑞的高海拔（它的最高峰比韋爾的高兩千英尺）多少保護了它免受氣溫不斷上升的影響，但如果他是在離海平面更近的地方經營度假村，他就會很緊張了。確實，氣候專家預測，對一些最脆弱的地區來說，如今滑雪季的長度將縮短一半。

普羅托把我介紹給他的副手史考特・皮騰格（Scott Pittenger），他騎著雪地摩托車帶我出去，看他們在「造雪山」的這幾個星期裡有什麼成果。皮騰格和普羅托一樣，都是來自印第安那州的男孩，他來到科羅拉多度過一個滑雪季後，就停留在此，對在這裡生活產生了興趣。他又高又瘦，帶著一種中西部的粗獷特質，幾乎沒有受到西部大麻癮君子們的影響（途中他告訴我，他有信心這座山會及時開放，因為「興奮指數很高」）。

皮騰格這輛雪地摩托車停靠的第一站，是一個叫做「牧草區」的初學者區。夏天時，這裡是高爾夫球練習場，滑雪場的區域更是高爾夫球場的兩倍，這區最大的挑戰是讓整個地形盡量維持平坦。意思就是要用發球區的架子和斜坡，把雪覆蓋上去。皮騰格載著我穿過一條已經填滿的白色狹長地帶，但還有許多大片草地正等待造雪機的到來。

我們從較低的山前往他們所謂的「小店」，三棟波紋鋼邊的建築隱藏在樹林中，靠近四號吊椅纜車的頂部。這裡是造雪、整頓和交通工具維修的總部。這裡有十八台壓雪車（Snow-cats），像把小小的殼放在坦克履帶上，可以用來做各式各樣的工作，例如把食物運到餐廳，或到在山上移動積雪。騎著雪地摩托車的男男女女到處穿梭。在這段季前期間，這裡所有機器都以各自的方式在幫忙造雪。皮騰格帶著我改搭壓雪車，繼續爬上帕爾米拉峰。

我們沿著褐色山丘上的白色公路前進。我們爬得越高，看到的人就越少：工作人員全神貫注於在把較低的山修整好。我們抵達一個名為「看見永遠」的滑雪道，這條滑雪道沿著山脊線一直上升到海拔一萬二千五百英尺的最高纜車頂部，抵達此處時，就只剩下我們。

這麼高的地方有過自然降雪，而皮騰格熱切地保護它。有一度，我們必須穿過一片紅土，而當車再次開到雪地上時，皮騰格讓壓雪車來回移動以清理軌道。他說，岩石和泥土是最會讓積雪融掉的東西，它們被稱為雪中的「疾病」，因為它們能有效地吸收熱量，融化周圍的一切。

皮騰格說，他們基本上都很歡迎自然雪，不過在季節早期，先鋪一層人造雪其實比較好，因為人造雪密度比較大，融化速度較慢。在他的指揮下，清理人員一直在把雪盡量推到交通繁忙的區域——纜車的底部和頂部，連接兩個區域的狹窄道路上，還有通往山中運作基地的小路。過去的兩年裡，他獲得不少寶貴的知識，知道哪些任務對開放這座山至關重要，哪些任務則可以等待。在一次又一次的會議中，我看到皮騰格在當下最重要的事情上表現得非常出色：向員工傳達緊急資訊，同時仍然保持樂觀態度以及團結一致的精神。

皮騰格的女兒在四年前的滑雪季中期出生，當時正值一場暴風雪，他們期待十二月十日的另一場暴風雪——正是泰勒瑞在為聖誕節做準備的重要時期。他太太知道他在滑雪季時不會休那麼多陪產假。在孩子出生之前，他每天從早上六點工作到下午六點。

地形越來越陡峭，樹木與地面呈現一個銳角。我們看到了一些斜坡，滑雪巡邏隊在那裡側身下山，把天然積雪壓實。未被接觸過的雪花底部可能會「腐爛」，在陽光和風的影響下產生空洞，這樣會很容易發生雪崩。巡邏隊正辛苦地模仿造雪的條件，將雪壓成密度比較大的基底。目標是「保存每一片雪花」。

樹木漸漸消失，山脊線縮小到只有我們的壓雪車那麼寬。在道路兩邊，山勢陡然下降，在某些轉彎的地方，壓雪車的前刃或後舵柄甚至會凸出去，懸在深淵的上方，非常可怕。

在接近頂部的地方，我們經過了寫著「關閉：爆炸物使用中」的標誌，表示我們已經進入了雪崩控制區域，在那裡，滑雪巡邏隊會定期在山坡上引爆炸藥，防止堆積導致滑坡。

最後，路到了盡頭，我們前方只有帕爾米拉峰嶙峋的岩石。我們爬上一些被雪覆蓋的巨石，直到無法再往前走。腳底下是泰勒瑞滑雪場的最高處。所有東西看起來都陡峭得嚇人，而且區域實在太廣闊，無法一眼望盡。

這就是皮騰格和他的團隊面臨的任務。

◇◇◇

回到城裡，滑雪教練正在試穿新制服，售票員在學習如何操作掃描槍，食品工作人員在背新菜單，纜車操作員在填寫他們的第一張W－4表格（員工預扣稅證明書）。然而，如果斜坡上沒有足夠的雪，這些都不重要。那麼一小群人要造出整座山的雪，他們大多在晚上工作，是那一週泰勒瑞所有活動中最炙熱的焦點。皮騰格告訴我：「現在，造雪主宰了這座山。」

在開放的前四天，我和他們一起度過漫長的一天，想看看地面成了什麼樣子。我是十五個輪班工作的人之一，從上午十點到晚上十點，然後十二小時大夜班的小組會來接班。我和布蘭登・格林（Brandon Green）一起開始了早晨的工作，他是造雪指導主任，站在霧之少女雪道中央，操控著一架無人機記錄前一晚的工作成果。我們周圍有許多剛造出的雪堆，每一堆都要過濾濕氣一整天，然後再由梳理的團隊把它們弄散攤開。整個過程就是這樣：造雪工人造出雪堆，梳理工人把雪推出去，就這樣一遍又一遍，直到完成所有地區。

這架無人機是格林的主意，他看到無人機在他太太經營的婚禮攝影公司中發揮了很大的作用，也就跟著使用了。他拍到的畫面會在上午十一點的交班會議上播放，盡可能以視覺方式準確地向管理者展示造雪設備現在的位置，以及他希望它去的地方。

我在泰勒瑞交談過的每個人，從詹森到食品和飲料員工，都說格林是個天才。但第一次見面時，他臉色很不和悅、沉默寡言，而且又忙得要命。他不停地從斜坡的一邊走到另一邊，不作任何解釋，只有偶爾停下來再捲一支菸。他留著鬍子，身材結實，一頭偏紅的金髮，臉被寒風吹得發紅。和皮騰格一樣，他也向員工發出了緊急的信號，但全是靠他的行動，而不是他的言語。

幾個剛下班的造雪工人在店裡閒逛，準備參加交班會議，他們喝著雷尼爾啤酒，一副精疲力盡的樣子。他們是一群不修邊幅的人，大部分都是二十幾歲。格林大致講了一下了最新的天氣預報，跳過降雪預報（預計感恩節當天會有幾英吋降雪），專注於溫度和濕度資料。空氣越冷越乾燥，能造的雪就越多。格林用「接近臨界點」來形容氣候條件，意思是還沒有冷到能把造雪機的馬力開到最強，但在可預見的未來，他們每晚都能生產出許多新的雪堆。

會議結束前，格林打開電腦裡面的一個資料夾，上面寫著「二〇一七／二〇一八年冬天，史上最惡」。其中包括他去年用無人機拍攝的影片，當時他們幾乎無法在十二月前造出任何雪。「歷史的教訓。」他說。當無人機飛過凹凸不平的山坡，目光所見到處都是紅色的泥漿和正在融化的雪，造雪機發出了令人厭惡的聲音。有一個人說，與其坐吊椅纜車，開本田 Civic 到山頂還更快。

去年，造雪的工作人員一直工作到二月份，這是泰勒瑞讓他們工作最久的一年。在造雪季節，格林總是或多或少地在工作——皮騰格說：「我們從來沒有讓格林每週工作五天過。」但上一季在輪班之間的空檔，他開始睡在辦公室裡，為此，他還給自己做了一張小型長椅。詹森告訴我：「到最後，他們已經疲憊不堪了。」

今年，格林上班的時間比較合理，從每天早上七點到午夜。最密集的工作都是發生在入夜之後，當時整個系統都動起來，第一架造雪機開始噴雪。剩下不到幾天就要開放了，步調甚至比平時更瘋狂。

格林有一輛靈活的單人雪地摩托車，他經常使用，從一架造雪機移動到另一架造雪機，忙著進行調整。晚上的大部分時間我都和造雪隊在一起，皮滕格載著我慢條斯理地跟在格林後面，有時會跟丟他好長一段時間。

天色完全暗下之後，有一次格林必須回到店裡，他建議我和他一起用「加拿大風格」騎雪地摩托車，結果，原來是要肩並肩站著，一人握著一個車把。格林控制油門的那一邊，他沒有讓凹凸不平又近乎漆黑的環境減慢他的速度。在引擎的轟鳴聲中，他不停地對我大喊說著什麼，但我根本什麼也聽不進去，腦中唯一的念頭就是：「絕對，不能，鬆手！」

溫度一降到造雪的門檻（所謂的濕球溫度〔Wet-bulb temperature〕，這個數字會隨著相對濕度的變化而改變），我們就去水泵房，開始把水從蓄水池裡送到六十多架噴槍裡，這些噴槍今晚會噴雪。（泰勒瑞總共有一百八十架噴槍，但蓄水池的水量不足以讓它們同時發射。）造雪工作人員認為他們的工作主要與水有關。格林不談他還需要覆蓋的山坡面積，他說的是水量：「到目前為止，這個季節我已經打出了四千萬加侖的水，還要再打出八千萬加侖。」

讓格林緊張的原因，是蓄水池的限制，重新充滿水所需的時間是排空時間的五倍。為了增加水量，他接上了鎮上的消防栓系統，但即便如此，也只夠多充一、兩架噴槍。結果就是，即使在條件良好的季節，要製造出足夠的雪來覆蓋所有缺口，依然得努力到最後。

在水磊抽水的同時，我們又開始翻山越嶺，一架一架地檢查，確保噴槍指向正確的方向，而且確實接通了電源。那裡有風扇槍、看起來像有輪子的噴射發動機，還有雪槍，是一種長長的鋁管，可以把水噴灑到高空，盡量讓水滴在落下時，有足夠的時間結冰。它們是每三架、四架、五架或六架成群地排列在一起，或者沿著斜坡展開。全部使用的都是相同的基本原則，將加壓空氣與水結合，創造出細緻的水霧，這樣它在落到地面之前就會結冰。

從水泵房出發，我們沿著霧之少女雪道往下坡駛去，雪道兩側都是巨大的白色雪堆，兩側也都有造雪機包圍著，冰冷的霧氣向我們傾瀉而下。這是快速降溫的絕佳方法。每架噴槍上都有一盞燈，看起來就像一群從黑暗中成列出現的幽靈。在底部，有一架噴槍沒有運作，所以格林打開了它的控制台，看看出了什麼問題。不同的電源需要不同的佈線，而這台機器接錯了。格林當場重新佈線，然後開始噴射。

在好幾天晚上造雪、白天壓雪車工作的共同作用下，牧草區的高爾夫球座正在消失。格林想今晚就完成這一區，所以他把六架全新的風扇槍排成一排，就放在斜坡中央。它們還沒有接上線，所以把它們打開的工作就落在我們身上。首先，我們打開風扇，然後安排水管供水給它們，接下來我們走到消防栓那裡，格林叫我把它們一個一個轉開。一開始我只開了一點點水，但很快地，格林就叫我把它調成「WFO」。他一定是看到了我茫然的眼神，於是馬上就解釋：「開到底（Wide fucking open）。」與此同時，格林團隊的其他成員一直在透過無線電通話，一下子是某架噴槍壞了，一下子是一組噴槍的壓力需要精確校準，通常都是需要手動打開或關閉消防栓。在我們周圍，人們騎著雪地摩托車疾馳而過，準備去解決下一個問題。

這一組六架噴槍開始運作後，我們就去檢查另一架風扇槍，它的黃色警示燈正在閃爍——這是一種警報，表示某處出了問題。這個的線路也不對，所以格林必須再次拿出他的電工工具。這一架接好之後，我們就再去處理另一架噴嘴結冰的噴槍。另一個造雪工作人員已經拿著噴燈來到那裡，想把冰融掉，但傷害已經造成了：噴槍剛才一直對著下面的山坡噴水，山坡上結了一層厚厚的冰。

在黑暗中持續淋著這樣的雪雨，真的非常冷。修理這些機器的大部分工作都需要相當靈巧的雙手，然而在修理機器和不時捲菸之間，格林也很少戴著手套。很難相信他現在還沒有因為凍傷失去手指。我只跟團隊一起待了幾個小時，就得離開去暖暖身子，他們會繼續通宵工作，直到第二天早上十點。

在我離開格林和他的團隊之前，他說我很幸運，觀察到的正好是一個安靜的夜晚：天氣太暖，大多數噴槍都還不能開，而且只有少數東西失控。對我來說，這簡直是一片混亂，是一個冰冷可怕的粗糙瘋人院，而在接下來的日子裡，工作狀況只會變得更加緊張，因為截止期限越來越近，這座山還沒有完成。

我回到自己的房間裡，感覺身體溫暖了，而其他人還在外面的寒冷中，我能聽到造雪槍的轟隆聲，就像一台白噪音機器。

「期限效應」之山

感恩節前兩天，山上的雪可能剛好勉強夠了，但雪都落在錯誤的地方。格林和他的團隊的每架噴槍下面都有雪堆痕跡，但地面上仍然是泥土多於雪。把那些雪堆變成一座可以滑雪的山，這項工作屬於梳理團隊。

在滑雪季的這個時候，梳理工作人員們並不是真的在梳化打理，而是在推雪。目標是讓每個山坡都覆蓋二到三英尺厚的雪，雖然距離捐贈日只剩下一天，仍有很多地方必須覆蓋起來。

我和葛瑞格．戴恩斯（Greg Deines）一起上夜班，他是來自蒙特羅斯附近的一個農民，在這裡找到一份冬天當梳理員的工作。（他在山上的綽號是「農場」。）外面一片漆黑，溫度在攝氏負十三度左右，但這個明亮小艙內夠溫暖，我可以脫下外套。戴恩斯說，即使是在一般的季節，晚上工作也比較輕鬆，除了不用擔心滑雪遊客以外，壓雪車的車燈更容易突顯出斜坡上的任何缺陷。

戴恩斯給我看他當天的工作指示：「請用力砍，把我們的開闊地帶都鏟平！」和「給所有人：魔鬼藏在細節裡。讓我們把這座山完全準備就緒，做到完美！」顯然，梳理團隊的主管已經收到了緊急通知。

太陽升起前不久，發生了一場小危機：一名新手操作人員讓液壓油漏出去，而且一直渾然不覺，直到他追蹤了大半座山才發現。戴恩斯試著用壓雪車的舵柄攪動它，但痕跡仍然清晰可見：雪地上有一條長長的紅色條紋，就像有人把一具屍體拖到山上一樣。他們得製造更多雪來覆蓋它。

六點半左右，皮騰格用廣播說：「早安，葛瑞格，你那邊怎麼樣？」這可能是我的想像，但皮騰格在和戴恩斯交談時，他的口音似乎更鄉村了。工作期間，我們經過另一輛壓雪車，駕駛員是一位名叫馬特·恩格勒（Matt Engler）的梳理員。皮騰格讓我和恩格勒一起上白天班，恩格勒被公認是最擅長「推雪堆」的人，這需要靈巧的手加上壓雪車前面的刀刃，對雪的深度有獨特的直覺，以及非常清楚哪些地方最需要積雪覆蓋。

我們面前的雪堆比車子還高：每經過一次，恩格勒都會刨下一層雪，直到鏟雪刀前形成一個巨大的雪柱。它撞擊著壓雪車，就像輪船前面的海浪一樣，飛濺到刀刃上，或是被壓雪車的履帶壓平，再用舵柄清理乾淨。

至於為什麼恩格勒被認為是山上最好的梳理員之一（皮騰格稱他為「刀刃大師」），恩格勒自己沒有什麼要說的，但他接受這就是事實。他很認真對待自己的工作，對於一個記者為了工作來這裡，他似乎一點也不感到驚訝。他告訴我，他藉著觀看影片，觀察雪沿著山坡崩落的方式中，學會了一些推雪的技巧。

泰勒瑞的梳理員過去都是一整個團隊一起行動，用意是替較弱的梳理員做補強工作。現在，一個梳理員就有機會負責一片山坡，恩格勒的價值就這樣突顯出來。他有一種非常怪異的特質，就像他從第一天上班開始，都是獨自一人封閉在一個加熱的玻璃小艙裡作業。

「我討厭人們靠近我的機器。」他笑著說。這樣來來回回地推雪，有種催眠的效果。一開始我以為三十分鐘後我就會開始覺得無聊，但沒多久，我就覺得我可以永遠塞在這小艙裡。最後，我在靠近山底的地方下車。我再一次比山上那些一如往常努力工作的工作人員早下班，甚至想要就此收工了。

◇◇◇

要讓皮騰格、普羅托或任何其他工作人員大聲說出這句話很困難，似乎只要承認他們的好運就夠了，但在捐贈日的前一晚，度假村顯然能夠按時開放了。儘管如此，所有準備好的慶祝活動都被擱置著，因為造雪和梳理的工作人員都出去做最後的衝刺。

第二天早上，它準備好了：一座由「期限效應」建成的山。大約一百名殷殷期盼的滑雪者在四號吊椅纜車底部排隊等候，希望成為當季第一批滑雪的人。最早的一批人在纜車開始運行前一個多小時就抵達那裡，隨著時間一分一秒逼近，他們也加入了倒數計時。終於，上午十點整，纜車的閘門打開，人群中響起了一陣歡呼。

我在山上轉了幾圈，沒怎麼滑雪，只是看看過渡和邊緣地區，纜索展開的地方，仔細觀察雪的品質。所有的跑道都有雪覆蓋著，但邊緣卻突然下陷，旁邊就是泥土。這確實就像季節剛開始的滑雪場，但人群似乎並不介意。霧之少女的底部有一層薄薄的粉狀雪，是清晨最後一場造雪的結果，就像一封來自無憂無慮、白雪覆蓋的未來所發出的電報。我在陽光下站了一會兒，驚奇地看著這座活起來的山。

在我猶如重要人物一般地檢查完牧草區厚實的積雪後，我在一號吊椅纜車的底部遇到滑雪巡邏隊的隊長史考特．克萊門茲（Scott Clements），他正沿著雪道的邊緣來回巡視。克萊門茲告訴我，雖然捐贈日滑雪的人數很少，但巡邏隊對待這一天的態度和其他日子沒什麼兩樣。他說：「滑雪區開放就是開放了：你必須嚴陣以待。」這表示他們是真正的開放了嗎？滑雪巡邏隊預計馬上就要出動了。他說，大多數受傷都是「動機過強」的結果：滑雪者想要衝到新的雪上，或是想炫耀滑雪技巧等。「未來三天內就會有人受傷。」他宣告。我跟他說我要放他回去工作時，他似乎感激不已。

十一點半，二〇一八到一九年的滑雪季已經開始九十分鐘了，我和皮騰格約在四號纜車的底部附近喝咖啡。聽到克萊門茲似乎比平時更緊張時，他並不驚訝。他說：「都是這樣，只要民眾進場了，壓力就會很大。一切都變了。你必須不斷檢視，確保你所做的一切都是最高水準。」

皮騰格也認為，這個度假村的邊緣地帶確實還很粗糙。「從滑雪道的中間看，一切看起來都很好，」他說：「但當你開始看那些角落和裂縫，再把目光聚焦到周圍時，你就會更清楚還有什麼東西必須做好。細節並不一定會在混亂中消失，但當一個人坐在壓雪車上時，這些東西真的不是最主要的焦點，車上的人想的是：『好的，我有一整座山的雪要搬。』」但是皮騰格很確定：「明天看起來會比今天好。」

我問他，在山還沒有像梳理文件夾中寫的那樣「完全準備就緒，一切完美」之前就開放，他會不會感到後悔。皮騰格提醒我，他們同時服務兩種客人：山上的滑雪者和規劃年度假期的遊客。他想像第二種客人的內心獨白是：「好了，外面有雪，所以今年的假期我們不會在泥巴裡撞來撞去了。」度假村會在網路上貼出開放日的照片，強調：沒錯，人們真的在泰勒瑞滑雪了。

「今明兩天開放對我們來說絕對是好事。在連續幾年錯過這個日期後，我們肯定受到了影響。」對講機又響起了刺耳的聲音，我看到皮騰格有點分心地抬頭看那座山。我向他道謝，讓他回到山上繼續巡視。

◇◇◇

滑雪日結束後，工作人員擠進一間位在斜坡旁邊，名為湯姆小子的酒館，泰勒瑞正在那裡舉辦免費啤酒歡樂時光。詹森把所有的經理都叫來，每個人也都到場了。皮騰格來露臉了十秒鐘左右，就又去處理下一個小危機了，普羅托逗留的時間只稍微多一點。派對結束後，詹森和我走去他的辦公室，就在酒館的正上方。在路上，他撿起一個被遺棄的咖啡杯，拿去丟在垃圾桶裡——這不是我第一次看到他撿垃圾了。

他辦公室的大小大約跟曼哈頓的星巴克差不多，有一張質樸的芥末棕色古董辦公桌，牆上掛著必備的山徑地圖。有一扇巨大的窗子，可以看到外面的山和四號吊椅纜車的底部，直到看到他桌上的兩個大電腦螢幕，才讓我覺得這房間不只是個展示間。

在錯過了二〇一六年和二〇一七年的期限後，是詹森呼籲大家要堅守感恩節的時間表。他說，他在山上做的任何事情都必須通過「領導者的考驗」——在這麼小的一個鎮裡，他必須親自捍衛他做出的任何決定。這裡超過六五％的滑雪者是回頭客，他覺得對他們有責任。此外，趕上感恩節期限還有其他好處：由於今年的感恩節比較早，所以在聖誕節之前，他們還有一個星期的時間可以繼續造雪，販售門票的時間也多一個星期。他說：「我們會繼續微調、微調、再微調。」

「說到底，從某種角度看來，我們就是在這裡做一場演出，對吧？」他問道。「這是一場百老匯演出。每天早上九點，布幕升起。到了晚上，梳理工人就去外面整理，我們把食物送到餐廳、撿起垃圾，造雪工人在工作，纜車技師早上六點就會來確保布幕能準時升起。想要成功，你需要一群對自己所做的事情充滿熱情的人。」

詹森告訴我，再過幾年他就想退休了。他曾經營過布雷肯里奇、韋爾和英托西集團。泰勒瑞就是他的絕唱了，他說：「我在這裡的主要責任，是建立一種我離開之後還能持續下去的文化。」有一些證據表明，他在這方面確實很成功：與我交談過的員工都滿懷熱忱地和我分享「詹森主義」，從把聖誕禮物裝進盒子裡的比喻，到他關於「最後的二%」的概念，即任何努力都能促使從「好」到達「卓越」。舉個例子，詹森指出四號纜車下方的葛羅諾牧場餐廳，他們的員工使用露台上的戶外座椅排出「泰勒瑞」幾個字，「這完全是他們自發性的舉動，我很喜歡。」他說。

最重要的是，從詹森到普羅托再到皮騰格，他們身上都有著強烈的奉獻精神，竭盡一切努力以符合軟性期限。

不過，會撿亂丟咖啡杯的詹森並沒有消失。他承認，他今天看到的問題比預期中還多：「因為大家的狀態還不錯，所以我以為今天表現可能會更好一點，但沒有關係。」上午十點左右，普羅托帶著一份需要解決的問題清單來找他。詹森說他不需要看。「我說：『我明天會去滑雪，因為明天一定會更好。』」

他本來計畫早上去滑雪，但因為是感恩節，他大部分時間都要和家人在一起。我們離開他的辦公室時，外面已經黑了。在相處了一週之後，我們道了再見，以防我們之後沒能再見到對方。當我穿過小鎮時，還能聽到某處的造雪工人正在工作的聲音。

之後的事

關於感恩節對泰勒瑞的真正意義，從去年十月開始，我就一直在忙著收集各種比喻，無論是一場彩排，還是一份裝在盒子裡的禮物，或是像售票經理告訴我的那樣：「自信的爬行」，很快就能站起來跑步了。當開放日到來的時候，它是一場熱鬧過後突然衰退的派對（原本的設定就是如此）。泰勒瑞在捐贈日證明了滑雪者確實可以到山上滑雪，接下來，就是一連串複雜、仰賴天氣、價值數百萬美元的組織該做的日常工作。

從早上七點半到八點的纜車操作會議，我開始了一天的工作，那時吊椅纜車還散落著，還有一個小時左右才會開啟這些吊椅。纜車操作總部是一個和醫生候診室差不多大小的小棚子，它比你想像中那種在早上七點半收容多達四十張吊椅的地方稍微好一點（但仍然很破舊）。這證明了期限效應的力量：它讓三十幾個大學左右的年輕人在日出之前起床。

纜車操作員一個接一個地進來，運作經理約翰・楊格（John Young）分配任務給他們。他表揚隊員們昨天做出的各種搶救行動（「像是接住從吊椅上掉下來的孩子這種『驚呼時刻』」），以及告訴每個人不要把泥土弄到雪地上，這是滑雪季初期的一大危險。他說：「連咖啡漬都會導致雪迅速融化，雪是一種脆弱的資源。」他還對捐贈日進行了新穎的描述，他稱之為：「介於我們的硬性和軟性開放之間，我們的中……呃，『溼黏開放』？」他瞇著眼睛思索自己的奇怪比喻。

楊格比他大多數員工大了十歲左右，對他們之中的許多人來說，他就像是他們的代理父親。他鼓勵每個人都來參加在當地高中舉行的員工晚宴，他說：「這可能是你離開家的第一個感恩節。」而想念家人並不丟臉。

會議結束時，他祝大家感恩節快樂：「我很感恩能與你們所有人在一起。」工作人員兩兩一組走到他們指定的纜車旁，我也跟著他們走到外面山坡上。一切看起來更井然有序，更接近圓滿了。恩格勒和戴恩斯又在外面梳理整頓了一整夜，滑雪巡邏人員豎起更多的繩子和標誌，引導遊客遠離地形複雜的地方。而且開始下雪了，這是我到這裡以來第一次下雪，把所有東西都刷上了一層詹森所說的新油漆。

度假村的十二家餐廳中有七家已經開業。在葛羅諾牧場吃午餐的時候，壁爐裡燃著火，為數不多但滿臉開心的客人們吃著滑雪小屋的主食，比如辣椒和漢堡（山上一些比較高級的餐廳供應的就多更多了，還有多道菜的套餐和豐富的酒單。度假村每年光靠賣出的酒，就能帶來兩百二十五萬美元的收入）。

在靠近一號纜車底部的地方，我看到皮騰格，他這次不是騎摩托車，而是踩著滑雪板。詹森認為皮騰格前途光明，他們兩人都是從營運開始做起，而詹森相信，在山上鍛鍊過的執行長會成為更好的領導者。如果皮騰格最終掌管泰勒瑞的所有事務，那也是多年以後的事了。現在，他還有一座山要建。纜車運行起來了，但每個人都知道真正的期限是聖誕節。這座山在感恩節開放的消息，已經使得季節通行證的銷售激增十四%。銷售辦公室的一位工作人員告訴我，在他們宣布今年將按時開放之後，電話簡直接不完。

皮騰格和我坐上一號吊椅，一起坐著纜車到達山頂。我們談到了令人討厭的液壓油洩漏，以及為了把它掩蓋起來所做的努力。我問他孩子出生後他準備休假幾天，他說：

「不多。」過了一會兒，我們靜靜地看著下面的牧草區，以及過去三個星期的成品。毫無疑問，當人群到來時，他們一定會做好準備。

他們現在就準備好了。

第四條守則

專注於最重要的事

——約翰・德拉尼的總統競選之旅

約翰·德拉尼（John Delaney）想要競選總統，這表示他必須寫一本書。對於一個未來的三軍統帥來說，並非總是如此——很難想像林登·詹森總統（Lyndon Baines Johnson）每天坐在打字機前寫書，但對於一個追隨歐巴馬和《無畏的希望》（*The Audacity of Hope*，直譯）的民主黨員來說，這是必須之舉。

他要講述自己的故事，也許博得一些媒體關注，但也只是因為這是「總統候選人要做的事」——他需要發表一些東西。

德拉尼是第一個正式宣布參加二〇二〇年美國總統大選的人，他在二〇一七年夏天宣布參選，比伯尼·桑德斯（Bernie Sanders）、伊莉莎白·華倫（Elizabeth Warren）或喬·拜登（Joe Biden）早了一年多。在那之後不久，他找到了一間願意以最快速度付印的出版社，於是就出了他的書。德拉尼告訴我：「寫那本書是我做過最困難的事情。」比競選本身還要艱難，當時他可是花了三十個月，辛苦走遍了愛荷華州全部九十九個縣的人。

他首先回顧自己寫過的所有專欄文章，其中許多是他在擔任馬里蘭州第六選區（從華盛頓遠郊一直延伸到該州最西部）的國會議員時所發表。他把這些專欄編成了二十頁的書籍大綱，寄給編輯。這本書基本上是他在國會支持的每項政策的願望清單，以及為什麼把這些建議編入法律，國家就會更好的論述的結合。

不久之後，德拉尼接到了編輯的電話，問他是否可以在華盛頓共進午餐。在餐廳裡，編輯直言不諱：「這會是一本糟糕的書。」德拉尼問道：「為什麼？」他的編輯說：「因為沒人關心這裡面的任何東西。」這些內容太生硬、太無趣——他童年的故事和小插曲在哪裡呢，有什麼東西能讓這疊偽裝成自傳的白紙變得更有生命力？

他的編輯說：「我們要做的事如下：我們會派人來採訪你幾天，談談你和你的家庭、你的生活和所有這類的事情。然後我們再討論接下來的做法。」

採訪結束後，德拉尼又和編輯見了一面，面前擺著這些訪談的書面記錄。德拉尼說：「他們真的拿著一支紅筆，把故事圈出來。他們說：『好，你要把這個故事寫進書裡，這個故事也要寫進去，這個故事也要。』」

其中的一件軼事成為了這本書的序。在這故事中，德拉尼談到他的祖父阿爾伯特，他在一九二三年，還是個青少年時移民到美國。童年時的一次意外使他失去了左手臂，他被拘留在埃利斯島——判定為身體不健全的移民經常被驅逐出境。德拉尼寫道，在體檢以確定他的健康狀況是否足以進入美國時，阿爾伯特「緊張地看著即將決定他命運的官員走進房間。然後，年輕的阿爾伯特注意到一件令他震驚的事情。他簡直不敢相信自己的眼睛，但審理他案子的那個人只有一隻手。」

德拉尼不僅沒有在初稿中提到祖父在埃利斯島的故事，事實上，他根本從未在公開場合講述過這個故事，然而這個故事背後的道德觀念，完全支持德拉尼的親移民政策的論述。就這樣，出版社從德拉尼身上找出幾則這樣的軼事後，它們就成了這本書的支柱：每一個生硬的政策提案背後，都有一篇來自德拉尼生活的故事來支持它。二〇一八年五月，這位候選人出版了《正確答案：如何讓我們分裂的國家統一》（*The Right Answer: How We Can Unify Our Divided Nation*，直譯）。

此時，距離第一批選民投票選出民主黨提名者，還有一年半的時間。

把複雜任務拆解成更小的目標

到目前為止，我們看到的故事都有明確的目標：開一間餐廳、運送百合花、在山上造雪。但是，如果你面對一個非常複雜的任務，根本不知道從哪裡開始著手，那會怎麼樣呢？在這種情況下，直覺經常會讓我們失望：我們很不善於分辨輕重緩急，結果完成了瑣碎的目標，卻把最重要的目標搞得一團糟。幸好，套句英國詩人薩繆爾・詹森（Samuel Johnson）的話：**好的截止期限，可以讓人完美地集中注意力**。

競選總統就是一件很複雜的事情。想要贏，你必須把無數件事情做對。但在此之前，你必須先學會如何留在這場競爭裡。看到這裡的人都知道，二〇二〇年當上總統的並不是德拉尼。他甚至沒有在任何黨團會議或初選中贏得民主黨代表。雖然現在看來，他的競選活動只是那次選舉中的一個註腳，但它也是非常有意義的一課，讓我們知道如何運用最後期限來管理複雜性——**專注於最重要的目標，忽略其他的一切**。

二〇一九年二月，民主黨全國委員會（DNC）宣布了首次總統辯論的資格規則，辯論將於當年六月在邁阿密舉行。德拉尼的競選目標一直是二〇二〇年二月愛荷華州的黨團會議，但他突然有了一個更直接的目標：「獲得辯論資格」。通往白宮的道路有很多條，但沒有一條能繞過佛羅里達州的那個舞臺。

這次選舉運用的是新的辯論規則，因為許多人指稱民主黨全國委員會二〇一六年時，刻意傾向任何不是希拉蕊・柯林頓（Hillary Clinton）的人，民主黨全國委員會為了應對這個指控而做出了一些調整。這一次會有更多辯論，也會更早開始。將會有更多競選陣營有機會取得辯論資格：要想獲得席位，候選人必須在三次獨立民調中，獲得至少一％受訪者的首選，或是從二十個州的六萬五千名不同的捐贈者那裡籌集資金。像桑德斯這樣的候選人，在二〇一六年時獲得了基層民眾的廣泛支持，因此絕對能順利通過新標準。但對德拉尼這樣的黑馬候選人而言，這可是前所未有的考驗。

當我與德拉尼的競選經理約翰・戴維斯（John Davis）交談時，他坦率地表示，民主黨全國委員會的新規則讓他大吃一驚：「今年年初，我們的目標是如何贏得愛荷華州、如何贏得新罕布夏州。到了二月，我們得知比賽規則，半路冒出了一個你必須先取勝的新比賽。」一開始的馬拉松變成了短跑。比起慢慢地建立知名度（這到後期就可能轉化為支持率），德拉尼此刻最需要的是民眾（至少一%的人）決定他是「他們現在的首選候選人」。

二〇一九年春天，當我關注這場競選活動時，我看到的是一個在過程中不斷自我調整的組織。戴維斯說：「我們有時間和能力建立一個靈活的系統，集中精力確保我們把德拉尼送到辯論臺上。」在所有計畫當中，能幫助他們趕上六月辯論期限的一切，他們都保留，其他的就先擱置到一邊。

早期犧牲品中的其中一項計畫是：一場帶德拉尼走遍全美五十個州的巴士之旅。對於一個預計花一整年慢慢累積動能的候選人來說，這是個很好的想法。但如果德拉尼想在這三次民調中取得資格，他就必須縮小範圍。

民主黨全國委員會的規定，包括了全國民意調查和那些在「早期州」進行的民意調查：愛荷華州、新罕布夏州、南卡羅萊納州和內華達州。德拉尼已經在愛荷華州待了一年多，所以那裡是他最關注的地方。他告訴我：「我們在愛荷華州獲得選票的可能性最大，因為那是我們真正積極在競選的地方。」這個新的截止期限讓他在該州進行的活動增添了一些緊迫性，這對他而言可能有好處。德拉尼仍然會偶爾去新罕布夏州，並嘗試參加一些紐約和華盛頓的談話節目，看看能不能透過這種方式獲得更多支持率，但這是一種避險，而不是策略。總之，再見了巴士之旅，再見了南卡羅萊納和內華達州，他們要守穩愛荷華州這個票倉。

至於剩下的問題，可以靠辯論本身來解決：這將是美國其他地區的人們第一次關注這場競選，而他們是一大批易受影響、尚未做出決定的選民。如果德拉尼能在那裡吸引眾人注意，證明他的政策是最聰明的，以及——噢沒錯，他是對抗唐納・川普（Donald Trump）的最佳人選，那麼支持者和捐款就會隨之而來。

首先，要突破辯論的瓶頸，總統職位就在另一頭耐心地等待。

◇◇◇

二〇一九年三月十五日，德拉尼在愛荷華州馬德里，這是一個大約二千五百人的小鎮，位於愛荷華首府德梅因西北三十英里處。因為這位候選人沒有像拜登和桑德斯這樣的名氣來吸引人群，所以他選的每一站，都是透過詢問每個縣的民主黨地方黨支部是否願意接待他發表演說，與會者也都是從黨的連絡人名單中挑選出來。

這個馬德里，與西班牙同名城市的發音不同，重音在第一個音節。德拉尼是在當地一間老人中心發表演說，旁邊是「美國海外作戰退伍軍人協會」（VFW）和幾間用木板封起來的店面。

那天是週五下午三點半，但還是有大約四十個人來，大部分是老年人，都是白人。德拉尼走進房間時，有一點騷動。有人說：「他來了！」人群開始鼓掌。

德拉尼穿著灰色休閒褲、藍色運動上衣和棕色休閒鞋，看起來像養犬俱樂部（Kennel Club）或體育俱樂部的裁判。雖然德拉尼的競選活動已經進行了一年多，但這是他第一次來馬德里，所以這場演說偏向介紹他的個人經歷。「讓我自我介紹一下，」他說，然後用兩分鐘講述了他的生平。他出生在紐澤西州，父親是一名電氣工人。他的父親是工會成員，而德拉尼認為自己能接受良好的教育，並走上成功之路，要歸功於國際電工兄弟會（IBEW）。他創辦了兩家提供貸款給中小企業的公司，成了企業家，「還是敲響紐約證券交易所開市鐘最年輕的CEO」。二〇一二年，他競選國會議員，連續三屆代表馬里蘭州，然後退休，開始全心投入總統競選。他是好幾個百萬的富翁，雖然他沒有提到這一點。

這位認為他祖父的故事不值得講的人，在競選活動中顯得有些……生硬。看得出來一定有人告訴他，有機會就要多微笑，這讓他的表情常常顯得有點痛苦又勉強，儘管他有著像花栗鼠一樣隆起的臉頰和彷彿露齒而笑的嘴型。他與川普總統形成了鮮明的對比：他談論政策細節和資料時很自在，談論自己時卻相反。五十六歲的他比川普小將近二十歲，體態非常良好，幾乎完全禿頭。他在演說中展現了其中一個特點，這是很罕見的舉動：「我和白宮的現任主人非常不同，不只是髮際線而已。」但就在那一刻，他立刻變得非常認真：「我保證，永遠跟你們說真相。」

攻擊川普的那句話——「頭號分裂者」，得到了最可靠的正面回應。在德拉尼強調他的核心訊息「承諾讓妥協精神回歸華盛頓」時，觀眾的回應明顯沉默許多。他說，在他上任的頭一百天裡，他只會推動兩黨立法：「我將以總統的身份向你們展示，我們其實可以再做一些事情。」他說，我們需要一個選民聯盟來執政，溫和派、獨立派、心懷不滿的共和黨員等。他引用了自己這本書的書名，書名來自甘迺迪（John F. Kennedy）的一次演講：「我們不是要尋求共和黨的答案或民主黨的答案，而是要正確的答案。」

這些是該迎來掌聲的台詞，但人們並沒有鼓掌。至少在這次競選中，選民們找的是一個與共和黨對抗的人，而不是與他們合作的人。後來我問德拉尼，他有沒有注意到，當他開始談論與共和黨妥協時，就失去了聽眾。他說：「當我走進一個房間說：『聽著，我是國會第三大跨黨派成員』時，我認為很多人都喜歡那樣。不是每個人都喜歡。但我能看到一些人在微笑。」

這個兩黨合作的核心訊息，甚至蓋過了德拉尼最激進的政策理念：政府經營的全民健保計畫，比歐巴馬健保更接近全民醫療保險、全民學前教育、大規模的基礎設施支出、免費的社區大學等。在這場競選中，德拉尼是中間派，但中間派已經轉向左翼。他的賭注，「溫和訊息和左傾政策的結合最適合目前的狀況」在馬德里似乎有點站不住腳，但那裡有很多個縣。

接下來是一個小時的車程，一路暢通無阻地抵達了下一個地點——在徹丹公共圖書館舉行的一場家常菜聚會。馬德里很小，但徹丹更迷你：根據上次人口普查，只有三百八十六人。這裡最主要的街道被稱為沙街，是一條有餐廳、圖書館、消防局和一間保險公司，走到最底有一棟穀倉塔。

要弄清楚為什麼德拉尼去馬德里和徹丹，而像貝托・歐洛克（Beto O'Rourke）這樣的候選人則去德梅因和達文波特這樣的大城市向大量人群演講，我們必須先了解一下辯論的標準。在民意調查中得到一%是什麼意思呢？也就是說，如果在愛荷華州找了一千人進行調查，其中四百人表示可能會在民主黨黨團會議上投票，那麼德拉尼需要其中四人表示支持他。

這聽起來好像不多，但要做到這一點，就需要跑大量的行程。沒有人知道誰會被調查到，所以他必須努力接觸全州各地的選民，盡可能把他們留在自己的陣營裡越久越好。德梅因的選民一定有機會見到所有候選人，甚至見很多次，不過在較小的城鎮中，德拉尼就有比較高的機會留在他們記憶中。那裡的一個學校老師告訴我：「我跟學生們說，有一位總統候選人要來馬德里，然後他們問，『為什麼？』」

在徹丹，德拉尼穿過圖書館，經過一排排的兒童書籍，來到後面的一個房間，他會在那裡回答問題，端湯給民眾享用。這裡的年齡層比較廣——有些父母帶著孩子來，還有三個二十幾歲的年輕人，不過大多數還是老年人，而且都是白人。

原本應該介紹德拉尼給大家認識的人邁克．明尼漢（Mike Minnehan）沒有到場：他被困在自己的農場裡，一隻乳牛即將生小牛。因此，這個榮譽被授予一位健談的女士，格林縣民主黨主席克里絲．亨寧（Chris Henning）。亨寧說德拉尼來這裡做端湯服務非常合適：「因為你希望被選上為我們所有人服務。」當她提到他去過愛荷華州二十五次，走遍了所有的九十九個縣時，民眾都贊許地點點頭。

德拉尼開始了他的競選演說，這次他大談自己的愛爾蘭血統，以及看到圖書館裡的聖派翠克節（St. Patrick's Day，愛爾蘭國慶日）裝飾是多麼令人感動。就在他要說到川普是頭號分裂者的時候，明尼漢走了進來。有人告訴德拉尼：「那位就是邁克。」德拉尼問道：「你好，邁克。怎麼樣了？」邁克說：「生了隻小牛！」房間裡爆發出熱烈的掌聲。

演講結束後，亨寧拿了一張有德拉尼簽名的《Born to Run》專輯出來拍賣。亨寧解釋說，布魯斯．史普林斯汀（Bruce Springsteen）是德拉尼最喜歡的音樂家。實在很難想像會有人是史普林斯汀的粉絲，卻沒有《Born to Run》這張專輯，且想要以CD形式收藏，以及還想要上面有德拉尼的簽名。但最後，這張專輯以五十美元的價格賣給了這場活動的主辦人之一。德拉尼從中帶出了一堂政治演說，關於史普林斯汀如何總是支持那些努力生活的小人物。

德拉尼開始開放觀眾提問，其中一個問題直接命中了問題核心：「你已經去過愛荷華州二十五次了。我們能做些什麼來提高你的知名度，確保你在全國範圍內為人所知？」當我和德拉尼在一起的時候，也經常會有這樣的想法：「為什麼人們不知道你是誰？」答案（以及希望）是，透過在徹丹這樣的小城鎮見到夠多的人，他就能被推上國家舞臺。

那時，他已經獲得了一次合格投票，三月九日CNN／德梅因紀事報（*Des Moines Register*）的調查，其中一%的受訪者選擇他為他們最喜歡的候選人。這是一個好的開始，似乎證明了德拉尼的新策略有效。堅持守住愛荷華州，尤其是因為無論如何，大部分的早期投票都將在那裡進行，而且這樣做有雙重好處：他將為最終的黨團會議奠定基礎，而且他將有資格參加辯論。但他還需要兩次民意調查才能達到這個目的。

剩下的問題是各種議題和不滿的特殊組合：他被問及教育券（反對），廢除軍工複合體（「我們應該對此進行辯論」），以及最低工資十五美元（贊成，但要循序漸進）。他善於提出與聽眾不同的意見，而又不會讓對方不舒服。一位六十多歲的婦女宣布她不會投票給任何年齡比她大的人：「像你這樣的候選人要怎麼有禮貌地說：『你只是一個老怪人！回家吧！去跟你的孫子孫女玩！』」不過，德拉尼拒絕批評拜登、桑德斯和華倫。

這位候選人最後總結說：「謝謝大家對我的容忍。」群眾開始鼓掌，但他打斷了他們，補充道：「我忘了說：『希望你們能支持我。』」

「緊急但不重要」的陷阱

德拉尼的策略取決於他能否有效地將競選活動集中在民主黨全國委員會制定的狹隘目標上。他並不是唯一這麼做的人：**想在最後期限前有效地完成任務，通常就要減少必須完成的任務**。然而，要做到這一點，需要戰勝我們天生就有缺陷的排序本能。

就在我去愛荷華州前不久，我跟約翰霍普金斯大學行銷學副教授朱孟（Meng Zhu）談過。朱孟和其他兩位同事發表了一篇名為〈單純緊急效應〉的論文，概述了人總是把事情的輕重緩急搞砸的明顯原因。在一次實驗中，朱孟請學生們完成一項簡單的任務：寫五篇簡短的產品評論。在對照組中，他們可以從兩種不同的獎勵中選擇——三顆好時巧克力或五顆好時巧克力。另一組也會有同樣的選擇，但朱孟在較小的獎勵中加上一種緊迫感：要得到三顆巧克力，他們必須在十分鐘內完成實驗；如果要得到五顆，他們會有整整二十四小時。

對照組中幾乎所有學生都選擇了較大的獎勵。但是，當較小的獎勵附加了一個十分鐘期限時，超過三〇％的學生決定滿足於三顆巧克力。這就是單純緊急效應，朱孟寫道：「人們的表現彷彿是追求緊急任務本身就有種吸引力，甚至會超越其客觀後果。」

人們似乎有這種自然傾向，會比較關注時間而不是結果，即使這種行為可能會傷害到我們。例如，我們可能會推遲年度體檢，而去一家商店的限時年度促銷，儘管前者的重要性遠遠超過後者。這就是經濟學家喬治・艾克羅夫（George Akerlof）所說的「即期顯著性」（undue salience），我們關注促銷，只是因為它即將結束。

朱孟也發現，在人們做出選擇之前，提醒他們最後的結果——她稱之為「結果顯著性」（outcome salience），可以減少單純緊急效應。換句話說，**我們必須被迫忽略緊急但不重要的事情，才能弄清楚優先順序**。對德拉尼來說，這表示要時刻牢記最終目標：贏得三次投票。其他的所有活動，無論看起來多麼緊急，都應該延遲。

幸好，民主黨全國委員會的最後期限本身，就在幫助他朝這個方向前進。從德拉尼在二月十四日之前與之後的行程表，就能看出這個期限造成的影響，那一天正是民主黨全國委員會宣布新規則的日子。那年一月，他前往密西根州和伊利諾州進行宣傳活動，這兩個州當時還沒有民意調查。二月初，他去了北卡羅萊納州。然後，整個三月、四月、五月，都是愛荷華州、新罕布夏州，愛荷華州、新罕布夏州。看得出來，這就是根據結果顯著性而決定的競選活動。

戴維斯曾將他們的策略變化描述為「轉向」，會使用這個科技界的詞彙並非偶然。雖然用「新創公司」來比喻實在很老套，但對德拉尼這樣的組織來說，卻是千真萬確。像（在另一場競選中）傑布．布希（Jeb Bush）這樣龐大的競選團隊，在適應現實方面遇到了困難。而德拉尼這樣的小團隊就能夠接受民主黨新的辯論規則，並迅速相應地改變他們的策略。

我想起了與特拉維斯．蒙塔克（Travis Montaque）的一次對話，他是一間名為 Holler 的新創公司創辦人，專門從事視覺資訊傳遞。（當你用 iPhone 回覆一則訊息，Holler 創作的貼圖或 GIF 就可能會出現在回覆列表中。）他告訴我：「新創公司的超能力是速度。」這也包括了適應能力。

Holler 最初是一款新聞 App，建立起規模不大但很忠誠的用戶群。但是當蒙塔克看到公司成長不夠快時（他們只剩下五十天的資金），他就知道他必須徹底改變他們正在做的事情。「我們不能浪費任何一分錢，必須解決這個問題。」他向員工宣布，他們要把新聞 App 改成即時通訊 App，立即生效，現有的使用者就這樣沒有了。

他說：「當你有如此緊迫的時間表時，它會讓你完全專注於真正重要的事情，並要你做出真的很艱難的決定，比如，對我們今天需要的東西而言，那群使用者已經不重要了。」這間公司現在與 HBO、IKEA 和 Venmo（行動支付服務）建立了合作關係，而且成長迅速。

能力勝光環，審慎勝迎合

三月十六日，德拉尼在愛荷華州道奇堡發表演講，慶祝新的競選辦公室在那裡開幕。這間辦公室設在一個狹窄的店面裡，位於幾乎已經廢棄的市中心。這是他在這個州的第六間辦公室。現場大約有三十五個人聚集在裡面，人群中一名女士語帶贊許地對另一名女士說：「我喜歡他宣導的訊息，他去過愛荷華州的每一個縣。」她還指出，這是她在道奇堡看過的第一個競選辦公室。

德拉尼講述了他家人在埃利斯島的故事，贏得了觀眾們的驚呼。總的來說，這場競選演說是我所看過他表現最好的一場。他警告說，美國「將成為一個崇尚出生權利的國家」，而不是一個擁有共同價值觀的國家。「共同的目標感，才是這個國家跳動的心臟。」

他談到了美國在太空競賽中如何團結起來。這一切都始於一次（某種程度上來說的）攻擊：史普尼克[6]的發射。（「記得史普尼克嗎？」他問道，引起了一陣笑聲。）十二年後，透過共同為一項任務努力，我們把人類送上了月球。後來我才意識到，在這個比喻中的史普尼克——由俄羅斯人發動，不斷在推特上攻擊我們的可怕東西，指的是川普。

觀眾提出的第一個問題，又是關於德拉尼的默默無聞。一個男人問：「我喜歡你的訊息，但是你要怎麼做才能登上『名單』呢？」你甚至能從他的語調裡聽出這幾個字是大寫。「我看了『名單』，你不在上面。」德拉尼的回答是：「我要根據這裡的基礎去得到它。」

他談到愛荷華州在下屆總統選舉中的重要性。「你盡量提出想問的問題，弄清楚我們腦中在想什麼，但更重要的是，我們心裡想要什麼。」愛荷華州的人民似乎確實很認真對待他們「全國第一」的責任。他們週六早上會參加這樣的聚會，提出與各種議題相關的特殊問題。他們願意考慮任何人成為總統的可能性，無論是目前的領先者，還是來自馬里蘭州的不知名國會議員。

競選辦公室的開張活動，就跟德拉尼這次愛荷華州之旅的其他所有行程一樣：發表演講，讓觀眾問一些問題，然後他就去下一個地點。不過，他們希望有了實體店面擺著德拉尼的招牌和宣傳手冊，或許裡面還有一名競選工作人員，至少能夠讓道奇堡的一些居民記住這位候選人。

所以：去下一站吧！這些活動會不斷重複，所以我只會特別提出他與其中一名觀眾的生動交流。德拉尼在愛荷華州梅森市一家小型自助式餐廳的後屋演說，現場大約有

6 Sputnik，又稱一號衛星，是蘇聯於一九五七年發射升空，第一顆進入行星軌道的人造衛星。

四十個人。演講結束後，其中一個問題來自一位叫馬克．蘇比（Mark Subi）的男子，他是個有著禿頭的白人老人，身材很有份量，如果他出現在CNN上，旁邊標注「川普支持者」，你一定會認同。

他的問題（其實更像是評論）似乎讓德拉尼感到相當驚訝。「你不能和共和黨人合作，」他開始說，我們反而是應該「清除」共和黨的政府。（德拉尼蹙著眉頭。）最近發生的最棒的事情是二〇一八年當選的所有「國會新女性」，這顯然是指亞歷山德里雅．歐加修－寇蒂茲（Alexandria Ocasio-Cortez）和拉希達．特萊布（Rashida Tlaib）等進步國會女議員。蘇比說，我們不需要另一個民主黨企業出來競選總統。

這正是二〇二〇年民主黨初選的根本分歧。有些人，比如德拉尼，認為民主黨需要一個更好版本的希拉蕊．柯林頓才能獲勝，而有些人，比如蘇比，認為他們必須徹底擺脫過去，不管那個人是桑德斯、華倫，還是其他全新的面孔。

德拉尼的反應相當慎重，雖然你可以看出他被蘇比的激進態度激怒了。他說：「美國是一個中間派的國家，這個國家做過的每一件偉大事情，都是來自於兩黨合作。」像是社會保障和醫療保險就是兩黨合作下的產物。

蘇比不接受這個說詞。他說，現在正是推行社會主義的最佳時機，因為資本主義讓人民失望透頂。他說：「如果你打算成為一名企業民主黨員，我不認為你會得到支持，我覺得人們已經受夠了。」

德拉尼說：「我不是企業民主黨員，我確實相信自由市場……」

「噢，我相信社會主義，那些有錢人也是。看看傑夫·貝佐斯（Jeff Bezos）打算用你繳的稅做什麼，他們熱愛社會主義，為什麼我們不能分一杯羹？」

德拉尼看起來很想跳過這個話題，但門邊有個男人，一個留著灰白鬍子的大個子，穿著藍白相間的夏威夷襯衫，開始和蘇比頂嘴。那是蘭迪·布拉克（Randy Black），愛荷華州民主黨翼鼎（Iowa Democratic Wing Ding）主席，這是愛荷華州民主黨最大的籌款組織，也是今年夏天的主要競選活動之一。他說，現在最重要的是全黨團結起來，資本主義和社會主義的爭論留到以後再討論。蘇比說歐加修—寇蒂茲的態度才是正確的：盡你所能地戰鬥。

德拉尼總算設法轉移到下一個問題，但人群因這場辯論而有些躁動。有人說擊敗川普「至關重要」，整個房間似乎都在呼喊「噢天哪」表示同意。

活動結束後，我去和蘇比聊聊，他告訴我，他在梅森市做了十一年的公園管理員。「上次我還是支持希拉蕊的。」他說，但現在他不那麼傾向於尋求妥協了。他說，美國人民是企業的奴隸，我們現在需要提高最低薪資，任何循序漸進的方法都是鬼扯。他支持伯尼，伯尼已經為此奮鬥了四十年。他太太為了保護他，一直試圖把他拉走。

我問他，德拉尼這個人有沒有他喜歡的特質。蘇比說：「嗯，這是他第三次來梅森市了。」他欣賞德拉尼腳踏實地做辛苦的工作。蘇比說，如果德拉尼獲得提名，他會投票給他，不管他是不是企業的騙子。

那天剩下的時間裡，德拉尼似乎一直在想著與蘇比的互動。他說，他馬上就知道自己有麻煩了：「就是會有這樣的時刻，你可以說出他們如何形成這個問題，他們的觀點是什麼。」我問他，在愛荷華州是否遇到很多像蘇比那樣說話的人。是的，他說，而且那些把「社會主義」掛在嘴邊的人，通常是整場中聲音最大的人：「我支持這種活力，我支持這種興奮，但我不支持把它作為前進的方向。」

在那天的最後一場活動中，德拉尼演講的開頭，就是他怎麼成為一個自豪的資本家。他說：「純粹的社會主義是錯誤的答案。」這場活動在克爾特和寶拉・梅耶（Kurt and Paula Meyer）愛荷華州北部的家中舉辦，這是一場贊助者聚會。德拉尼的一名工作人員告訴我，任何想要被認真對待的候選人，都必須在他們位於明尼蘇達州邊境附近樹林裡的房子裡過夜。

在這個遙遠的北方，即使下了一個星期的雨，積雪仍然沒有融化，田野四周一片白茫茫。這裡地勢平坦空曠、人煙稀少，在這種地方，假如有人瘋狂地把錢埋在雪堆裡似乎也不意外。

梅耶夫婦邀請了大約二十個人到他們家裡與德拉尼見面，與那些到公共圖書館或自助餐廳參加活動的人相比，這裡大多數人都比較富裕。對於德拉尼這樣的親市場的民主黨員來說，這裡本應是一個安全的空間，但即便是在這裡，黨內溫和派和進步派之間的裂痕依然顯而易見。一名男子表示，他不希望民主黨只是因為害怕川普，就提名一個

「簡配版共和黨員」。另一個人問德拉尼關於他恢復華盛頓兩黨合作的承諾：「歐巴馬試過了，你要怎麼做得更好？」德拉尼說，跨越黨派是正確的事情。

那天晚上，在最後一批捐贈者離開後（德拉尼籌集到一大疊支票），德拉尼開了一瓶啤酒，在梅耶家的沙發上坐下來。他會在那裡過夜，這顯然也是民主黨的必經之路。外面，一名員工在回德梅因的路上被卡在泥濘裡，德拉尼必須前來救援。他開著他的卡車，一輛有著凱迪拉克內裝的栗紅色道奇皮卡，他直接開到另一輛車旁，在保險桿下方放置一塊板子，然後推車。

第二天早上，競選團隊在社群媒體上自豪地發佈了這件事。在民意調查人員打電話之前，提醒大家，德拉尼正在愛荷華州腳踏實地努力工作。

◇◇◇

聖派翠克節那天，我和德拉尼在愛荷華州查理斯市的戴夫餐廳共進午餐。這位候選人正準備前往愛荷華東北部的迪科拉，他將在那裡舉辦最後一場活動，然後飛回馬里蘭州幾天。餐廳裡坐滿了人，自助餐的隊伍排得很長。就在我們等待的時候，兩度有客人走到德拉尼面前，感謝他帶到愛荷華州的訊息。

我們在自助餐櫃臺附近找到一張空桌坐下來。為了慶祝這個節日，德拉尼穿著一件綠色格子襯衫和一件綠色毛衣。和我說話似乎讓他有些心煩，但他決心要把事情辦好。

我問他，能否登上第一場辯論的舞臺是否決定了他的成敗。他說，他並沒有明確地認為這是成敗的關鍵，「但我認為這件事非常重要。」他說，他有信心做到，我也親眼目睹了這一點：那一刻，他在愛荷華州的基層活動中，是所有候選人中表現最好的。

我問他，對於人們在他的問答中提出的問題，他是否感到驚訝。他說：「不會，這些問題與民主黨員正在談論的議題息息相關。」其中也包括了社會主義。此外，他說，醫療保險的問題也經常有人提出，因為愛荷華州把醫療補助計畫搞砸了。

在競選演說中，他對自己的中間路線毫無歉意，但他向我承認，他希望自己的一些進步立場能得到民眾更多的信任。他說，令他感到沮喪的是，民主黨左翼會把像他這類的政見稱之為「陳舊的漸進主義」。他把鹽罐擺在桌子的一端，說：「假設這是一個大膽的政策目標，比如全民醫療保險，這點我和左派是一樣的。但我想在這條道路中設幾個球門，又有什麼關係呢？」他拿起一名員工的手機，把它放在中間，又把他的手機拿遠了幾英吋——「如果我們能在同一時間到達同一個終點呢？」

我問：「但如果現在這時刻，選民們想要的是大膽的聲音，而不是漸進主義者，那該怎麼辦呢？」

「那我就贏不了，」他說：「我不是場上聲音最大的人。」

所有的總統候選人都必須假裝他們會贏，不管他們的民調數字是多少，所以聽到他這麼直接了當地說他可能不會贏，實在有點衝擊。

幾個月後，隨著新冠肺炎大流行使美國陷入癱瘓，他哀嘆美國政治似乎鼓勵他所不具備的品質。他在推特上寫道：「也許在度過這場危機之後，我們會想要從政治領導人身上尋找一些不同的東西。能力勝過光環。展望未來而不是活在當下。根據資料勝過說空話。審慎勝過迎合。」

沿著筆直的道路從查理斯市到迪科拉，又是一個小時車程。先前我曾問過他，他和工作人員在開車周遊全州時，途中是否會談論政策。他說：「才不！」他們聽音樂，開車的人可以選音樂。所以換他開車的時候，不是史普林斯汀就是鄉村音樂。

在迪科拉，德拉尼終於不是唯一的娛樂活動了。這是溫納希克縣民主黨員在聖派翠克節的籌款活動，地點在鎮中心的一個店面式活動場地。現場有音樂表演，還有很多食物、啤酒和葡萄酒。這也是我目前為止看到人數最多的一次，大約有七十五人。他們喧鬧而快樂。那天是星期天。

迪科拉有一個宏偉的大法院，一座石頭圖書館，一個食品合作社，還有一條看起來很繁華的主街（水街）。這一部分的愛荷華州，在二〇一八年的選舉中，國會席位變成了藍色（民主黨），不過共和黨在二〇二〇年時又把這裡贏回去了。在德拉尼登臺之前，人群以驚人的音調和清晰度演唱了〈當愛爾蘭的眼睛在微笑〉（*When Irish Eyes Are Smiling*）。每個人都如此團結且認真地唱著，真的會融化你的心。「這是獻給你的。」領唱的女士對德拉尼說。

這首歌讓德拉尼的舉止比平時更審慎。「這個國家有一種核心的美。」他說，沒有任何政治人物可以破壞它。我想起了戴維斯說過的話，關於把德拉尼送到所有九十九個縣的策略，他說：「人有沒有到場，這沒辦法假裝。走出去，到他們的家裡，在他們的餐廳，在他們的工作場所和他們見面。」

德拉尼離開的那天，我找不到任何一個人說他絕對是他們的首選，我想起戴維斯告訴我的另一件事：「在愛荷華州，他們想要接觸每個人，而且不是一次，是大概四次。」

達成最重要的目標

才兩個星期後，德拉尼就來到紐約，準備在阿爾．夏普頓（Al Sharpton）的全國行動網路（NAN）大會發表演講，這是他少數違背愛荷華策略的活動。有件事讓他的競選團隊感到相當意外，他們的第二次合格投票不是來自愛荷華州，而是來自福斯新聞（*Fox News*）進行的一項全國調查。這表示只要再一個州，他就能登上辯論舞臺，雖然愛荷華州對他而言機會仍然是最大，但出現在任何一個能讓他有機會登上全國新聞廣播的地方，就算是福斯商業新聞中兩分鐘的熱門節目，也都很值得。德拉尼告訴我：「當你沒有很高的知名度時，你什麼事情都願意做。」

為期四天的NAN會議吸引了所有競選總統的主要候選人，以及大多數的次要候選人。這時拜登還沒有參選，但桑德斯、華倫、彼得·布塔朱吉（Pete Buttigieg）、艾米·克羅布徹（Amy Klobucher）以及其他十幾個人都在這裡。觀眾幾乎都是黑人，是來自全國各地NAN分會的民權活動人士，他們擠在曼哈頓中城喜來登飯店的一個舞廳裡。這裡的群眾和先前在愛荷華小鎮中看到的完全不同。

每一天的程序開始時，夏普頓都會高喊：「沒有正義！」群眾回應：「沒有和平！」（或是「認識正義！」「認識和平！」）「我們想要什麼？」「正義！」「我們什麼時候要？」「現在！」

第一個在集會上發言的候選人是貝托·歐洛克，他才剛參選，在愛荷華州吸引了數百名選民。在二〇二〇年的競選中，有幾位不同的民主黨員抓住了媒體的聚光燈，此時似乎是歐洛克的時刻。夏普頓的介紹充分利用了歐洛克的名氣。「有個年輕人像搖滾巨星一樣出現了，而我對搖滾巨星持懷疑態度。」他說。但夏普頓對歐洛克公開支持科林・卡佩尼克（Colin Kaepernick）[7]並下跪表示讚賞。夏普頓說：「我從來沒有見過一個白人主要總統候選人談論白人特權，」所以，「他是第一個上台跟我們講話的總統候選人，這並非偶然。」

後來，我問德拉尼是否希望自己也能得到歐洛克那樣的關注。他說他很滿足於讓新來的人有十五分鐘時間：「穆罕默德・阿里（Muhammad Ali）和喬治・福爾曼（George Foreman）進行過一場著名的拳擊比賽，他在比賽中使用了一種倚繩戰術[8]。他在比賽中撐得夠久，因此才能贏得最後的勝利。這就是我的策略。」他也沒有質疑自己這麼早就參選的決定。如果他一直等待，就不可能在愛荷華州建立起一個強大的組織。他說：「我想，如果我現在才加入，根據我的名氣，我真的沒有任何機會。」

歐洛克充滿活力地走上舞臺，整個房間似乎都因他的存在而充滿活力。但這裡的情況與我在愛荷華州看到德拉尼的情況正好相反。在愛荷華時，德拉尼說得越多，觀眾就越積極參與——即使只是一場關於社會主義的辯論。而在這裡，歐洛克的每一句話都讓人群更安靜一些。演講結束後，他躲在一個雜物間裡，記者們圍在出口，希望向他提出問題。

德拉尼的演講與愛荷華州的演講明顯不同，他加強了宗教性——他說夏普頓在天堂遇到了聖彼得，然後馬上就進天堂了。（他還稱夏普頓為「一個獨一無二的人物」，這個讚揚讓人感覺有點微弱。）然後就是正式的競選演說：工會教育，他在私營部門的工作。

與歐洛克相比，德拉尼在演講中顯得很謙遜。他說：「我沒有完全了解你們的問題，我永遠無法完全理解，在美國身為一個黑人有什麼樣的意義。我也絕對不會假裝理解在川普時代，身為黑人又是什麼意義。」這讓一些觀眾發出讚賞的呼叫聲。

7 前職業橄欖球選手。二〇一六年，他在賽前演奏國歌時，以單膝下跪表達對警察暴力和種族歧視的抗議，因而遭聯盟封殺。

8 在一九七四年的一場比賽中，阿里靠在圍繩上任由福爾曼攻擊，等福爾曼消耗大量體力後再將他擊倒。

演講結束後，夏普頓又提起了我在愛荷華州聽到的同一個話題：在這麼多候選人參選的情況下，他問道：「你要如何脫穎而出？」

德拉尼說他是一個解決問題的人，他能捲起袖子把事情做好。身為這樣的人，他是擊敗川普的最佳人選。觀眾們從冷漠變成了禮貌的關注，這大概是德拉尼所能期望的最好結果了。

之後他接受了一個很小型的媒體採訪，規模大概只有歐洛克的五分之一。有記者問他為什麼不支持全民醫療保險，還迴避有關愛德華．史諾登（Edward Snowden）的問題。福斯新聞的記者問道：「你能在這場競選中保持溫和嗎？」第二天會輪到桑德斯和華倫發表演講，而人群的反應會讓歐洛克最響亮的歡呼聲聽起來像是喃喃低語。但此刻，德拉尼引起了記者們的注意，只要有正確的答案，它就有可能在黃金時段播出。還有時間再回答一個問題，一位記者開口（事實上，這更像是他的評論）：「大多數美國人都不知道你是誰。」

德拉尼回答說：「我這一輩子的大部分時間都被人們低估了。」

之後的事

四月十一日，蒙茅斯大學公佈了愛荷華州的最新民調結果。二十五次旅行、九十九個縣、無數次的聚餐、籌款和集會，都有了回報。德拉尼得到了他最後的資格投票：他將出現在邁阿密的辯論臺上。幾星期後，在他位於華盛頓郊區的辦公室裡，當我見到他時，他看起來是我所見過最開心的模樣。

他採取的這個策略，目的是讓自己一路走到愛荷華州的黨團會議，而且可以迅速而無情地重新配置。德拉尼竭盡所能，終於能夠參加辯論，這是他獲得民主黨提名的唯一機會。他告訴我他已經在規劃他的前兩次辯論準備會議了，他有兩個目標：自我介紹，以及與其他候選人做出對比。我問他那天晚上是否需要講一個讓人難忘的片段，他說：「我認為這是必須的。」

在民主黨全國委員會宣布新規則後不久，他就在徹丹闡述了自己的整個願景：「我的策略是繼續在愛荷華州全力造勢。這個領域會越來越大，每個星期都會有一個新的候選人加入。無論新候選人是誰，媒體都會興奮地追蹤，但這種興奮之情會漸漸穩定下來，六月和七月會有一些辯論，我想到了八月和九月，在了解所有資訊之後。人們就會開始進行投票，在這些民意調查中一定會有一些意外的人選，我打算成為其中之一。」

當然，德拉尼並沒有成為九月的意外人選。在辯論中，他做了他該做的一切：他與領先者們辯論，他登上頭條新聞，他在競選中確立了自己的身份。在德拉尼自動獲得資格的第二場辯論中，主持人把他（而不是拜登）當作中間派的首選：當他們想要有人反駁桑德斯和華倫等左翼候選人的立場時，他們就會找他。

然而，華倫發表了當晚最令人難忘的言論，而且就是針對德拉尼：「我不明白為什麼有人不辭辛苦地競選美國總統，就為了證明『由於我們無法達成，所以我們不該為此奮鬥』。」

這番話或許很不公平，但卻很有效。若要進到第三場辯論，候選人必須達到新的民調和資金門檻：民意調查的二％和十三萬名捐款者。德拉尼兩個都沒拿到。他想用倚繩戰術，但華倫使出了一記絕殺。九月的辯論之後，德拉尼又繼續競選了五個月，最後在愛荷華州黨團會議召開前不久退出，好讓所有忠於他的選民投票給拜登。

黨團會議本身就是一場災難，完全沒能有效地為最後期限做計畫，但這又是另一本書的故事了。

第五條守則

修改，修改，再修改

——如何在六分鐘內成功推銷自己，贏得 TechCrunch 大獎

在柏林的阿爾特特雷普托區有一個佈滿塗鴉的磚砌倉庫，坐落在施普雷河畔。這個社區位於以前的東區，仍然瀰漫著一種與世隔絕的沉睡氣息，儘管它距離這座城市最嬉皮的兩個地方，只有短短的步行距離，這裡有來自世界各地的藝術家、作家和意見領袖等，英語的使用頻率和德語差不多，他們都在尋找租金便宜、提供素食的地方，以躲避全球經濟普遍存在的浪潮。當然，與世隔絕的感覺不會持續下去，周圍已經有豪華大樓拔地而起，即使在新冠肺炎大流行之後，建設也沒有停止，依然緩緩進行著。

這個倉庫本身見證了柏林過去一個世紀所經歷的變化。它建於一九二七年，當時是公共汽車的停放處；第二次世界大戰期間成了軍械庫，二戰之後又變成難民營；柏林圍牆就在它西側幾十英尺的範圍內。現在，它的水泥地板重新拋光，天窗也翻新，這座建築被重新命名為「柏林競技場」（Arena Berlin），是藝術博覽會、時裝秀和科技研討會的場地，場地面積將近七萬平方英尺，通常提供給規模夠大的活動使用。

二〇一九年十二月的一個週二下午，我敲了這棟建築其中一扇巨大的鋼門，直到一名警衛來開門。他懷疑地看著我，我問：「這裡是《科技媒體》（*TechCrunch*）嗎？」

他不情願地把門推開了一點。裡面有堆疊著的桌椅，顯然是為第二天的研討會開幕做準備。一到明天，在這個曾是兩百四十輛德國公車休息的地方，數千名工程師、投資人和創業者——幾十年來促使科技繁榮的這一群人類，將在此建立起複雜的人際網絡。《科技媒體》是舉辦這場展覽的科技新創媒體，而活動的正式名稱是「柏林新創科技大會」（TechCrunch Disrupt）[9]。

我走進新創公司的走道，一排高腳桌子中間掛著塑料橫幅，上面寫著各式各樣一點也不像公司名稱的名字：Joopzy、Joyn、Spurt、Wamo。新創公司的淘金熱似乎仍然能夠吸引野心勃勃的年輕工程師和未來的大亨們，把自己的人生化作呢喃的承諾，在專業投資者的耳邊低語。邏輯沒有變：把正確的想法，塑造成商業計畫的形狀，可以讓你變得富有並改變世界，只不過，未必會依序實現。

9 TechCrunch Disrupt 是全球知名新創盛會，被新創圈譽為一生必去朝聖一次的創業盛典，因此有「新創圈奧斯卡」之稱。

倉庫的一個角落已經掛上高至天花板的黑色布簾。這是研討會的主要舞臺，研討會的重頭戲將在這裡上演。這是一場名為「新創競技場」（Startup Battlefield）的競賽，十四間新創公司創辦人為了贏得一組投資人的支持而相互競爭。每間公司都有六分鐘時間陳述他們為什麼可以改變世界（以及賺大錢），然後是六分鐘的評審提問時間。篩選過後會有五組進入第二輪，將會重複這個過程，但提問時間會變成九分鐘。之後就會選出冠軍，並贈予一張印著五萬美元（約臺幣一百五十萬）的超級大支票。對某些新創公司來說，即使只是登上這個競技場的舞臺，也已經足夠讓他們的公司從一份 PowerPoint 展示變成一個可行的事業。

TechCrunch 的工作人員正在對舞臺兩側的麥克風和螢幕進行測試，舞台前面大約有一千個空座位。就在這時，一個機器人沿著走道滑了過來。它是黃色的，像一輛玩具卡車，有超大的黑色車輪，駕駛室上安裝了一堆微型攝影機。緊跟在機器人後面的是兩對年輕人。第一對看起來就是十幾歲的孩子，他們盯著機器人，帶著一種被逗樂的敬畏。第二對年齡比較大，三十出頭，其中一人手裡拿著一台像遊戲遙控器的東西，用來控制機器人。

控制者是 Scaled Robotics 公司的執行長斯圖爾特．馬格斯（Stuart Maggs），站在他旁邊的是他的聯合創辦人兼技術長巴拉特．桑卡蘭（Bharath Sankaran）。那兩個青少年（事實上，他們都二十二歲了）是另一間名為 Wotch 的公司創辦人，這間公司做的不是像機器人般很酷的硬體，它是一個影片平臺，目標是與 YouTube 競爭，為小規模的內容創作者提供更好的交易選擇。這兩組人馬將在明天的新創競技場上展開正面交鋒。

機器人在禮堂後面快速繞了一圈，然後停下來。「你想試試看嗎？」馬格斯問一個 Wotch 的人，那個人露出笑容，接過控制器，讓機器人停停走走了幾次，問桑卡蘭和馬格斯一大堆機器人怎麼運作的問題。在機器人四處亂竄的時候，桑卡蘭耐心地回答 Wotch 那些人的問題：它是一個「實境捕捉設備」，可以畫出它所在空間的3D立體地圖，攝影機同時可以記錄該空間的照片。這個機器人的設計概念是要用在建築工地，這樣就可以迅速發現工程錯誤。桑卡蘭正準備開始高談闊論——如果你有機會推銷，為什麼不把握呢？這時，一個二十八、九歲的女子走進來，她穿著夾克，頭上戴著有顆絨毛球的羊毛帽。四個創辦人立刻安靜下來，期待地看著她。

這位是妮莎・坦貝（Neesha Tambe），她為 TechCrunch 主辦新創競技場。十四名菜鳥創業者面對著以前從未見過的龐大觀眾群，向那些可能改變他們人生的投資人推銷自己的願景：這肯定會讓他們汗流浹背，甚至在舞臺上崩潰。坦貝到場就是為了確保前者隱藏得很好，而後者不會發生。她從超過三百份申請中挑選出他們，向他們提供數小時的培訓課程及指導，並針對應該如何規劃推銷演說提供詳細的回饋。她說，她也是「非正式的新創人心理治療師」。

坦貝走到舞臺前面，喊道：「新創者們，靠過來。」參加比賽的其他團隊從房間裡各處冒出來。儘管研討會的策劃人，尤其是坦貝，致力於使參與者多樣化，但在參加柏林研討會的二十多人中，只有三名女性，其餘都是男性，平均年齡似乎在二十八歲左右。他們的穿著是典型的矽谷風格，不修邊幅的牛仔褲和T恤裝扮，只不過稍微調整了一下，以反映出這個競賽和大多數競爭對手的歐洲風格：更緊的褲子，更有異國情調的鞋款。

新創者們對待坦貝的態度是很單純的服從，就像夏令營輔導員和她帶的學童之間的關係一樣。她對他們的態度是既樂觀又保護，又有一點惱怒，非常符合當下的氣氛。點名前，她對大家說：「我們來練習一下地理空間技巧，來，圍成一個圈。」這裡是 Scaled Robotics。這裡是 Hawa Dawa。這裡，這裡，這裡，這裡，以及這裡是 Nyxo、Nodle、Stable、Gmelius、Inovat。「Wotch 呢？」青少年露出笑容。好，這裡。

「好了，各位，這裡就是大舞臺，」坦貝說：「時候到了。」她開始解釋他們那天去那裡要做什麼：他們會把演講的開頭和結尾排練一遍，好讓他們適應這個舞臺和 TED 演講式的耳機麥克風，並確保他們準備的各種投影片和展示都能正常播放。她說：「你不需要整篇都講完，只要測試一些轉折的部分。」她又做了一些基本的提醒，主要是告訴團隊要對著後面的攝影鏡頭說話：線上觀眾的數量會比現場觀眾多好幾倍。到了與評審的問答環節時，坦貝說，「要轉身面對評審。」

到了明天，這些新創公司真正來這裡進行推銷的時候，他們的演講內容可能已經演練幾十次了。二〇一七年，拉斯維加斯新創競技場的冠軍是醫療新創公司 Siren Care，該公司的創辦人馬然（Ran Ma）告訴我，她花了數百個小時，與坦貝和《科技媒體》的其他編輯一起完善自己的推銷演說。她說，為臺上那十二分鐘做準備的壓力「是我一生中最棒也最慘的經驗，我覺得我的壽命減少了十年。」然而，當馬然從拉斯維加斯回到家時，她已經從投資人那裡拿到了一百多萬美元。「這是一個殘酷的訓練場，但它會把你的公司推上世界舞臺。你必須厚臉皮，堅持不懈，每一次推銷都要做得更好。」

事實上，**根據回饋做修正，正是這個過程的核心**——研究管理的學者稱之為「有效更新」（Effective updating）。在申請的時候，新創者就必須附上產品展示影片，並在上場前兩個月與坦貝的會議中不斷修改，才會形成最終的完整演講稿。每次會議最後都會進行討論，評估演說內容的優缺點。學術界對這個過程也有一個名稱：意義建構（Sense-making）。根據意義建構進行有效更新。如果你不知道自己做錯了什麼，你就無法修補。這種方法特別符合我身為編輯所知的一個截止日期小技巧：**先把初稿生出來，你就有機會一遍又一遍地，把它修得更好**。

有效更新也是劇場使用的邏輯，而劇場是一台建立在排練和預演基礎上的機器。從本質上來說，TechCrunch 的這群競爭者也是在上演一場戲。當坦貝把所有人帶到後臺時，這種相似度變得更加清晰，她向新創者們展示化妝的地方。她說，公開演講會讓人出很多汗，但一點蜜粉就可以解決這個問題。在她身後，六名 TechCrunch 員工正忙著準備工作，另一組工作人員正在一個巨大的音板上調整音階，並在一排螢幕上檢查攝影機畫面。新創者們緊張而驚訝地看著這一切。在他們準備上臺排練之前，坦貝叫所有人再次圍過來：「把手放在中間。數到三，喊『競技場』，好嗎？一，二，三！」二十四個聲音在空蕩蕩的倉庫裡喊道：「競技場！」

認真對待，但不過度用力

桑卡蘭和馬格斯表現出從容不迫的沉著態度，使得他們與其他緊張忙碌的競爭者們很不同。音效測試結束後，我們碰面時，他們向我透露自己之所以這麼從容，是因為他們已經找現場觀眾排練超過兩百次了。桑卡蘭是上臺發言的人，而馬格斯操作軟體展示。桑卡蘭把推銷演說比作單口相聲，馬格斯表示贊同：「我們花了整整三年時間在調整跟觀察觀眾的反應，再調整，嘗試一些新的東西。」

他們的公司成立於二〇一四年，在一位共同的朋友介紹兩位創辦人認識之後：桑卡蘭一直在南加州大學的機器人實驗室工作，而馬格斯剛剛在巴賽隆納完成了建築學的研究所課程。兩人都對自己的事業不滿意，只是方式不同。桑卡蘭說：「我花了十年時間做各種天馬行空的機器人專案。我看著自己，想著：『我做過很多很酷的東西，但有任何一項很重要嗎？』」馬格斯對建築也有同樣的感想，他認為這門學科的藝術方面很吸引人，但最終還是很瑣碎。

這個跟建築有關的事業為他們兩人的抱負提供了一個平臺：對整個產業產生影響，並解決一個有適當緊迫性的問題。他們把注意力集中在「浪費」上。一個大型建築專案中，有高達二〇%的成本可能是消耗在「錯誤和重新施工」上。（而且，由於規劃謬誤，很少有開發者會預先考慮到這些超支。）把範圍擴大到全世界，有二三%的碳排放來自建築相關產業。因此，幫助建商更有效地完成專案，就能節省很多錢，而且——沒錯，還能改變世界。

桑卡蘭從小學開始就對人工智慧很感興趣。他在阿曼的馬斯開特長大，每天放學回家他都會看《星際爭霸戰》（*Star Trek*）。他說：「我想成為史巴克（Spock）。史巴克身上的一些特質，他的邏輯和對事物的實際程度，對我來說影響非常持久。」他說自己仍然夢想著太空探索，但他決定先解決地球上的所有重要問題。

阿曼是一個平靜的地方，對一個青少年來說幾乎是極度的無趣。桑卡蘭的父親是他們所在的泰米爾納德邦村子裡第一個獲得大學學位的人，桑卡蘭很感謝父親，因為父親讓他知道世界上還有這麼多的需求。「我拿到了獎學金，然後他叫我去印度學習生存的本事。我一直不明白那是什麼意思，直到我去了印度。」

馬格斯從小就很喜歡建築，但他差點進不了自己想去的領域。他就讀的高中在倫敦北部，指導顧問要他寫下將來想做什麼。有閱讀障礙的馬格斯寫下建築學，但他把這個字拼錯了。「那女人看著我說：『首先，你拼錯了，這不是一個好跡象。其次，也許不是每個人都適合念大學，或許你應該試試砌磚。』」

他一想起這件事就生氣。畢業之後，他在荷蘭一間公司找到了工作，但看到許多不科學的決策過程後，令他心生疑慮。有一次，他問公司的一位資深成員，要如何選擇建築窗戶的尺寸，答案很簡單：「經驗」。馬格斯說，那位建築師「根本不知道他說的到底是不是對的，是不是最有效的結果，是不是最好的解決方案。所以就在那時，我說：『好吧，一定有更好的辦法。』然後我就辭職了。」

對桑卡蘭來說，他找到了一個和他一樣重視資料數據的人，不過他們還是通電話好幾年之後才開始合作。桑卡蘭說，早期談的是理論性質的東西，沒有什麼風險。「馬格斯談到建築施工的低效率，以及機器人和人工智慧能幫上什麼忙。那是非常學術性質的對話，與公司或業務無關。」那個時候，桑卡蘭在加州，而馬格斯在巴賽隆納。二〇一四年時，他們決定見面，地點在巴黎，一個適合展開一段新創羅曼史的城市。不久之後，桑卡蘭搬到巴賽隆納，雇用了第一批員工，「Scaled Robotics」誕生了。

現在，Scaled Robotics 巴賽隆納的辦公室裡有七個人，有機器人專家、工程師、數學家——馬格斯是唯一受過建築專業訓練的人。桑卡蘭告訴我，Scaled Robotics 這個名字有點誤導人，他們不是真正的機器人公司——事實上，他們是一家軟體公司。他們販售的產品是從建築工地收集資料而做出的精準3D立體地圖，以及與之相關的各種資料：所有牆壁、樑柱的列表，可以根據尺寸、位置和材質立即做出排序。任何偏離藍圖的地方都會被標示出來，而且可以根據緊急程度進行過濾，從安裝在偏離藍圖位置幾公釐的管道，到有致命危險的橫樑，都能馬上找出來。

「大家都很著迷於機器人，」馬格斯說：「但你只需要把它看作一個資料收集設備。機器人很迷人，但我們也可以用其他方式捕捉資料。」

桑卡蘭表示同意：「在你對某種科技產生敬畏的那一刻，它就失去它的目的了，我們希望把它變得像一支螺絲起子或扳手。機器人只是一把花俏的鎚子。」

那麼，為什麼要把機器人帶來展示呢？我問。他們承認，是TechCrunch的策劃人們要求他們帶來的。

Scaled Robotics公司參加這次研討會並不是為了籌募資金。他們已經與三家公司簽訂了獨家協議：派利（PERI），一家德國鷹架和混凝土模板公司，以及兩家以建築相關產業為主的風險投資基金公司。全部加起來，這間新創公司拿到了三百萬歐元（約臺幣一億元）。桑卡蘭和馬格斯將來可能會需要更多錢，但現階段看來，參加新創競技場主要是因為許多熱愛《星際爭霸戰》、重視資料數據的同行都會關注這個活動，這讓他們招募工程師和ＡＩ專家會更容易。

Scaled Robotics 沒有資金短缺的問題，對他們而言相當有益。其他的隊伍都有一種驚慌失措的感覺，明顯看得出來他們急需用錢。桑卡蘭和馬格斯認真對待比賽，但不把比賽當成生死攸關的事情，這點是他們的優勢。「我們不想用六分鐘來定義四年的工作。」桑卡蘭說，而這種態度將轉化為舞臺上的自信和魅力。透過減輕表現方面的壓力，他們的表現得到了改善。然而，根據競技場的實際情況，桑卡蘭可能無法如他所願，這六分鐘確實得「定義」他的公司。如果他們輸了，沒錯，一切都會像以前一樣。但如果他們贏了，將永遠改變 Scaled Robotics。

就目前而言，他們正準備迎接更大的挑戰。新創公司的重點必然是成長——科技界稱之為「規模」（scale），這多少也反映在公司的名字中。桑卡蘭和馬格斯盡其所能實現這點：參加貿易研討會、會見投資人、獲取新客戶，TechCrunch 的活動也是這個策略的一部分。然而，即使在競爭的時候，他們也很留意自己傳達了什麼。

公司的七個人關係夠親密，桑卡蘭和馬格斯不斷重複商業界標準的陳腔濫調：「我們是一家人」，在他們公司裡卻很接近實際狀況。桑卡蘭告訴我，前年他父親去世時，他不得不放下工作，回印度待了幾個星期：「我要回去奔喪，沒有任何規劃，我就這樣離開，然後我的團隊就起來遞補，馬格斯、每個人，他們都在幫我。」

馬格斯講述某天晚上他和一位團隊成員的對話，當時他們從巴賽隆納的一間酒吧略帶醉意地走回家。這名員工說，他喜歡每天來上班，但他擔心隨著 Scaled Robotics 公司不斷成長，這種情況將不復存在。馬格斯說他也有同樣的感覺：「我實在不希望事情發生改變，這是我人生中最美好的時光之一。隨著資金的流入，它可能是好的，也可能不是。我希望一切朝好的方向走，而我有能力努力讓它變成那樣，但我完全理解他的觀點，人總想保留身邊擁有的快樂事物。」

說到這裡，馬格斯和桑卡蘭似乎都意識到他們太過輕忽自己的野心了。「我知道我們讓人覺得我們不在乎這場比賽。」馬格斯說：「但我們很在乎。」

調整，調整，再調整

新創競技場的第一輪比賽發生在一個天空灰濛濛、飄著毛毛雨、攝氏四度左右的日子裡。我到達柏林競技場時，門外已經排起了長長的隊伍，每隔幾秒鐘就會有一輛計程車或Uber送來另一群富有的投資人，他們匆匆奔向VIP排隊區。工程師們大多是搭火車和公車來的，站在雨中等待。

在主舞臺上，巴黎新創公司孵化器Station F的負責人正在談論蓬勃發展的法國新創企業生態系。在她的園區裡有一千多家公司。她說，所以在巴黎，「你會去看艾菲爾鐵塔，去看羅浮宮，還有Station F。」觀眾平靜地接受了這種有待商榷的說法。

主舞臺前一半的座位是空的，但隔壁Extra Crunch的舞臺前卻擠滿了人，人多到從出口湧出來。主題是：「如何進行A輪融資[10]？」這正是這種研討會的典型特徵：新創公司很酷，但錢更酷。新創競技場在宣傳時，談到了從開始有這個比賽以來，從投資人那裡獲得種子資金[11]或A輪融資的公司數量（總共籌募到八十九億美元），以及「退出」的公司數量（指當一家公司被更大的公司收購或上市——到目前為止有一百一十三家）。

在不斷擴張的世界裡，人們對科技的態度越來越叛逆，提及 Facebook 這樣的公司時，許多人的態度可能是輕蔑而不是敬畏。倫敦一家風險投資公司的合夥人向聽眾強調，他們支持的公司對世界來說必須很正面，「或至少不是負面的」。從某種角度來說，這根本算不上改變。Facebook、Google、Uber……他們全都曾承諾讓世界變得更美好。但在 TechCrunch，重點已經轉移：告訴我們你正在解決什麼問題。就很多方面而言，範圍越小越好。

今年的參賽者反映了這個變化。比起改變社會，這些公司專注於改善睡眠品質、讓更多孩子學習寫程式、對空氣品質進行更精確的追蹤等。Scaled Robotics 想要減少浪費，當然要如此，但他們是專注在單一、不引人注目的行業內，每次減少二〇%。

10 指的是企業開始營運，有完整詳細的商業及盈利模式或產品後，第一次對外融資。

11 指的是創業資本，是許多新創企業籌募的第一筆資金。

隨著越來越接近比賽開始的時間，主舞臺前的座位開始坐滿了人。TechCrunch 的營運長奈德・戴斯蒙（Ned Desmond）告訴我，因為許多觀眾是專門來看新創競技場的，所以他們非常認真對待比賽的選拔過程，還確保每個團隊都在最後期限前簽署了意義建構和更新的過程。「為什麼我們能找到真正優秀的公司？」戴斯蒙問：「因為這個活動提供的指導非常棒。」

在研討會開始前一個月，坦貝與每間公司進行了至少三次培訓，在整個比賽期間也與他們密切合作，幫助他們進行微調。桑卡蘭認為整個過程極具啟示性。他說：「你完全被鎖在一次推銷提案中。」然後其他的一切都消失了，而坦貝帶著「打破這個鎖的外界觀點」進來，然後你才意識到：「哇靠。」

她讓每個人都學到了一些東西：讓事情更簡單、專注於大局、一定要從你的個人生活中加入一些人性化的細節。但這些建議也可以非常細微，包括投影片的順序和某一句的語調。訓練課程就像富爾頓的模擬服務或泰勒瑞的每日造雪會議：一個停下來、測試和改進的時刻。

在第一輪比賽開始時，一位名叫安東尼．哈（Anthony Ha）的 TechCrunch 撰稿人跳上了舞臺。他有一種狂躁又遊走在嘲諷邊緣的能量，那感覺就像是他深諳過度熱情的表現，因此有意識地避免。他說到進入這個階段有多困難，只有五％的申請者被邀請參加競爭。哈說：「他們絕對會非常緊張，如果每個公司在離開舞臺時都覺得你們愛他們，那就太棒了。」

然後他邀請評審們加入他。資金方面有幾位很好的代表：三位風投合夥人，一位來自高盛（Goldman Sachs）的代表，以及 Station F 的負責人，她又回來了，這次是坐在更龐大的人群面前。他們將在這一輪比賽結束後投票決定誰可以進入決賽。

第一間上臺的公司是總部位於慕尼黑的 Hawa Dawa，他們承諾有更好的方式追蹤空氣品質。它也是少數幾間由女性創辦的新創公司之一，創辦人的名字叫做凱西．韋林（Cassi Welling），由她上臺進行演說。這家公司絕對符合「正面積極」的標準；他們的目標客群是希望減少碳排放量的航運公司。韋林流暢地講解並跳轉投影片，觀眾只會看到投影片的內容，但在面對舞臺的螢幕上，威林可以看到角落的綠色倒數計時器，從六分鐘開始倒數，時間歸零的時候她也正好結束，但提問的環節有點不順利。其中一位評審詢問公司的收入，韋林承認公司目前的收入只有六位數。評審小組成員似乎對這個消息感到沮喪，他們用剩下的問題試著弄清楚 Hawa Dawa 要怎樣才能賺更多錢。也許航運公司可以付更多錢！韋林暗示正在與一些開發中的較大公司進行交易，這似乎讓每個人都振奮了起來。

接下來是名為 Nyxo 的芬蘭新創公司，他們建立了一個幾乎適用所有其他公司的模式：開頭的投影片應該顯示出你正在顛覆的市場規模，最好使用最宏偉響亮的詞彙。Nyxo 是一個幫助睡眠的 App，所以他們談的是因為睡眠品質不好，每年存在著四千億歐元的潛力。另一間叫做 Stable 的新創公司則是著眼農業領域，所以他們的開場是農業市場的總規模——Scaled Robotics 也是這麼做，談的是十七兆美元的建築業。你做 Hello Kitty 的 iPhone 手機殼？很好，就用去年全球電子貿易或娛樂行業的總收入來開場。

安東尼·哈說得沒錯，大多數新創者都很緊張。接下來介紹的是一種名為 Teooh 的虛擬會議工具，在開會時，使用者可以在類似電玩遊戲的空間中穿行。在我看來，介面很笨拙，但這個團隊獲得了很高的分數，因為他們發明了一種可能減少碳排放量的東西，減少了更多飛行航班，而且幾個月後，新冠肺炎讓世界各地的人都明白了虛擬會議的必要性。（在第一波疫情危機期間，這間公司於二〇二〇年三月十八日舉行了一場線上活動：「即使你在自我隔離期間，也不需要獨自一人。和世界各地的朋友、家人和所愛之人在一起吧。」）

在 Scaled Robotics 上臺的半小時前，他們和坦貝一起在後臺做準備。桑卡蘭穿著運動外套和藍色牛仔褲，在化妝椅旁來回踱步，馬格斯穿著黑色 Scaled Robotics 上衣、黑色牛仔褲和亮粉色運動鞋，緊張地看著控制板。我問他們是否準備好了，桑卡蘭點點頭，但沒有抬頭。

在他們附近，我發現了一個臉頰紅潤、身材肥胖的人，穿著粗花呢外套和牛仔褲。他是理查．康賽爾（Richard Counsell），Stable 的創辦人，他被安排在 Scaled Robotics 之前上臺。我沒有請他對我排練他的推銷演說，但他幾乎立刻就開始了：Stable 為數千種傳統商品市場中沒有包括的商品提供價格保險，比如芒果、榛果和生乳。他們的目標客群是小企業的老闆（他舉的例子是一個冰沙攤老闆）和農民。他還採納了坦貝關於個人經驗的建議，他過去是外匯交易員，曾在曼徹斯特大學修經濟學和數學，但他向我介紹說自己是「農民」。他說，他的家族世世代代都在英格蘭南部飼養牲畜。

他對這個主題的熱情似乎並未因重複而減弱。他提到了價值四・八兆美元的農產業，以及努力維持生計的波蘭農民，他的演說也是我整個星期看到最純粹的「我們會拯救世界，並在這樣做的同時賺大錢」。Stable 已經建立並經營了四年，他們在銀行有六百萬美元的存款，與哈佛大學、利物浦大學和雪梨大學都有合作關係，在倫敦的總部有個二十五人的團隊。簡而言之，康賽爾是這場比賽中最強大的對手。

我問他，新創競技場的準備過程與他過去對投資人做的報告有何不同。新創競技場是他迄今為止做過的最公開的展示，觀眾人數最多，資金也最雄厚。坦貝鼓勵他多談論公司要幫助的對象，而不是花大量時間解釋衍生商品市場的運作方式。康賽爾說：「她知道自己想要什麼，」並督促每個人都「徹底清晰地思考」。他刪除了報告中的一部分，因為坦貝說那「是我所看過最無聊的投影片」。

然後，坦貝本人出現了，準備帶康賽爾去舞臺側邊。「這邊的壓力很大，」他說：「感覺腦袋裡嘶嘶作響。」他們走到舞臺左邊入口附近的一個地方，坦貝開始做她所謂的演出前儀式。她先進行一次呼吸練習，讓康賽爾閉上眼睛，清空思緒。康賽爾照做，他們兩人都深深吸了一口氣，然後慢慢地呼出來。她提醒他要著眼大局，Stable 要幫助非常多人，千萬不要陷在細節裡。然後她把他送上了舞臺。

坦貝會根據不同的對象而改變她的激勵話語。有些人主要是需要冷靜下來，有些人則需要多一點激勵。她也提醒每個人最大的優點是什麼。

康賽爾開始演講時，桑卡蘭和馬格斯正在戴耳機麥克風。桑卡蘭練習著一部分內容，手指向一個假想的觀眾（或是房間後面的攝影機）。在他們繼續之前，坦貝帶他們做了跟康賽爾一樣的呼吸練習，她請他們慢慢吸氣、呼氣。她要他們閉上眼睛，又低聲對他們說了些激勵的話，但我聽不見（後來，他們告訴我，她是在提醒他們有多麼了解建築業，所以不必害怕提問的環節）。坦貝讓他們做了一個「力量姿勢」，肩膀往後推，兩腳分開，這個動作因為馬格斯的粉紅色運動鞋而更顯眼。然後他們走到舞臺上。

兩位創辦人之前都報告過，但他們決定這次由桑卡蘭演講，馬格斯操作軟體展示。桑卡蘭說：「他給我的指令是：『在臺上不要當機器人。』」

馬格斯表示同意：「在他上臺之前，我對他說的最後一件事是：『看在上帝的份上，請你放一點感情到演講裡。』」

新創者不是演員，因此即使是最好的演說也還是有種生硬的感覺，介於背熟的講稿和慷慨激昂的呼籲之間。不過，桑卡蘭在一開頭就拿出情緒性的衝擊上表現得很好：他為「浪費又低效率」的建築業感到悲痛。「他們用粉筆、細繩」——他的聲音帶著厭惡的顫抖——「還有便利貼來記錄數百萬歐元專案的進展。」他翻到一頁投影片，裡面是他們最早期的客戶之一，這間建商在奧斯陸的一個建案中，把鋼樑的位置弄錯了，雖然差距只有三公分，但可能會威脅到整個工程。然後救世主降臨了：在螢幕上，機器人穿梭在建築工地裡，工人們在它周圍工作。

不過，這次演說中最令人印象深刻的部分，是 Scaled Robotics 軟體的現場展示。一個建案的3D立體地圖被投影在評審背後，用顏色編碼顯示問題區域，橘色的地方表示有錯誤。桑卡蘭說：「正如你們所看到的，你們站在一片橘色海洋中。」此前，不管在誰的演講中，觀眾們通常都會發出一點窸窸窣窣的騷動背景音，但在這個環節，卻完全安靜了下來。馬格斯和桑卡蘭一直讓機器人待在台上，直到演說的最後，它才從評審面前退場。

兩人走下舞臺時看起來很高興，但當評審們經過時，他們又必須趕快讓開。安東尼．哈帶著評審們來到競技場的一個角落，那裡有一個用布簾隔開的諮詢區。在評審討論的時候，我和桑卡蘭、馬格斯走了出來。我告訴他們，評審似乎很投入他們的演說，勝過其他大多數團隊。他們提出的問題也沒有懷疑的意味，就像他們對其他新創公司提的問題那樣。就在我們談話的時候，一個男人走了過來，把他的名片遞給馬格斯。他任職於 Unity，這是一間製作遊戲平臺的公司。在協助製作建築模型方面，他看到了可能的合作夥伴關係。馬格斯禮貌地點了點頭。我可以看到他腦中在盤算什麼：Unity 有超過兩千名員工，這樣的合作最終是否會吞併他的小公司？

馬格斯和桑卡蘭回到飯店為明天做準備，或許他們能進入下一輪。

利用多餘的時間做得更好

二〇一九年春天，在我去柏林看新創公司的競賽之前，我在曼哈頓的公共劇場（Public Theater）看到另一種不同的表演，這裡是「公園裡的莎士比亞」（Shakespeare in the Park）發源地，也是音樂劇《漢密爾頓》（*Hamilton*）的出生地。最初我是想去參觀戲劇的幕後，或許可以為「軟性開放」的重要性提供更多內容，做為我在泰勒瑞學到那些東西的補充。詹森和他的工作人員把剛開放那幾天山上與滑雪者的狀況當成是一種彩排，那麼，何不來看一次真正的戲劇彩排，有演員、導演、音樂家在周圍跑來跑去的那種呢？直到我到了那裡，我才意識到，製作一齣戲，就像制定一場新創公司推銷演說一樣，**是一種重複、意識建構和修改的練習，根據「最後期限」逐步組織起來**。

這齣戲名為《我們活著的時間很短暫》（*We're Only Alive for a Short Amount of Time*），由大衛・凱爾（David Cale）創作，是一部音樂回憶錄，講述了他充滿隱憂的童年，以及成長為一名藝術家的經歷。隱憂是很含蓄的形容：戲劇的高潮是凱爾的父親用鎚子活活打死他的母親——那時凱爾十六歲。大部分的表演是獨白，但極端痛苦和歡樂的時刻也經常以歌曲形式表達。

我本以為我只要在彩排前一天到場，了解一下情況，然後觀察各種狀況直到首演之夜，但我很快就意識到事情沒有這麼簡單。最終彩排通常會在過程中間進行，而且其實根本沒有所謂的「最終」彩排。在彩排日期之前和之後，劇本都可能產生重大變化。《我們活著的時間很短暫》的導演，也是芝加哥古德曼劇院（Goodman Theatre）的藝術總監羅伯特．福爾斯（Robert Falls）告訴我，變化幅度可能會相當大，尤其是新的戲劇：「如果有一場戲不好，要整個刪掉，或如果這是一部音樂劇，就是要拿掉一首曲子，或是你又加入一首昨晚寫的新歌——反正什麼都有可能改變，無論是正在寫的一句台詞，還是新的第二幕。」

從準備到開幕前夕的整段過程中，有很多場合會讓劇組再做調整。首先是專注於演員表演的彩排，然後是技術週，這期間燈光、音效和其他所有技術細節都會繼續修正。技術方面的問題解決後，會有正式彩排，然後是預演——在付費觀眾面前的第一次表演，通常會持續數星期。在整個過程中，每天的排練還是繼續，而整個過程中也還有更多「意義建構和更新」。直到預演結束後，這部劇會被「凍結」以供媒體預演；在此之後就不會有更多（大幅度的）變化。首演之夜的演出和之前的沒有什麼不同，只是那天不會彩排，表演完之後會有一個慶功宴。

我第一次參訪公共劇場是在彩排的第四天，他們正在表演其中一幕。凱爾正在練習一種特定的姿勢，他會用這種姿勢告訴他的弟弟，他們的母親去世了，而父親在監獄裡。雙手放在膝蓋上嗎？單膝跪在凳子上？還是最後要站起來，凝視著假想中的弟弟？

劇場裡到處都是亂七八糟的東西：桌子在一堆椅子裡若隱若現，調整燈光和音效的電腦已設置好，一整排的梯子。福爾斯看到我，喊道：「我們正處於戲劇最激動人心的高潮！」在接下來的幾個星期裡，他會時不時地提醒大家：「各位，記住，我們的最後期限快到了！」他會這樣大喊，尤其是發生一些輕微的疏失或延誤時。

凱爾禿頭、長著鷹勾鼻，整個人感覺很慵懶，穿著一件法蘭絨上衣。他出生在英國的盧頓，但由於在美國生活多年，他的口音已經不那麼明顯了。休息片刻後，他和弟弟一起回到臺上。後臺傳來了一絲音樂，隨著凱爾開始唱起一首歌，音樂的聲音越來越大。我感覺自己被它的敘事和情緒吸引了——但此時福爾斯中斷他們，詢問是否應該刪掉一句感覺有點刺耳的臺詞。經過一番辯論後，凱爾同意了。

在技術週期間也進行了類似的微調，但此時優先考慮的是燈光和聲音。公共劇場的創意總監奧斯卡．尤斯蒂斯（Oskar Eustis）告訴我，在這段期間，「演員們通常不會感到太大壓力。在這個過程中，這是第一次，也是唯一一次，他們不是工作的重點。」凱爾的表演非常仰賴一系列的燈光線索，舞臺後方的背景由幾種大膽的顏色輪替著，每一種顏色都反映了凱爾在舞臺上的情緒變化。珍妮佛．提普頓（Jennifer Tipton）是這齣戲的燈光設計師，福爾斯對她的形容很簡單，「天才」。在技術階段，每場燈光設計的「草稿」都要走一遍，然後她會再修改。從技術週一直到開幕夜，提普頓會持續對燈光進行細微的調整。福爾斯說：「我們進入預演階段後，她還是每天晚上都繼續工作，讓它變得更好、更好、再更好。」

我問福爾斯，最大的變化是否通常發生在最後的正式彩排之前，而不是整個過程的後期，他說未必如此。「每一部戲劇都會有觀眾來了之後，你才會發現的東西，所以預演過程非常重要。它已經成為現代劇場的重要成分，戲劇就是在這裡修潤。而這是因為觀眾改變了它，你會突然間——至少我是這樣，從另一種角度來看待這齣戲。」我想起馮格里奇頓在每次模擬服務中發的問卷。

福爾斯舉了《你好，多莉！》（*Hello, Dolly!*）這齣音樂劇為例，在底特律和華盛頓特區舉行預演之後，觀眾對它的評價並不高，於是這齣戲進行了大量的修改。「多莉」這個角色的原型卡蘿爾・錢寧（Carol Channing）說，劇中臺詞的修改太過頻繁，他們還得把一名工作人員藏在舞臺上的大桶子裡，如果演員忘記新的臺詞，工作人員就會給他們提示。最終，劇組創作了多首新歌來拯救這齣戲，包括出現在第一幕結尾，現在已經成為經典的《遊行隊伍經過之前》（*Before the Parade Passes By*）。錢寧記得，在作曲家進行了馬拉松式的創作過程之後，她第一次演唱這首歌是在飯店房間裡的凌晨三點鐘。導演聽到時，一把抓住錢寧和作曲家的手，拉著他們在房間裡旋轉，喊道：「就是這個！就是這個！」《你好，多莉》最後成為百老匯有史以來上演時間最長的音樂劇之一。

對於《我們活著的時間很短暫》的修改就比較溫和了，但因為科技週緊接著就是第一次預演，因此修改也不斷進行著。他們最後的幾項調整之一是謝幕方式，凱爾想留在舞臺上做最後的鞠躬，但福爾斯決定讓他先下臺，然後再回到舞臺上。他說，這樣比較令人滿意，也更有最終的感覺。

我去看了兩場預演，我可以看出有觀眾在現場給出回應之後，這部劇又隨之做了哪些調整：它變得更鬆、更傷感卻也更有趣——因為即使有那樣的劇情，凱爾的劇本仍是充滿了幽默。表演空間增強了親密感：這是一個四分之三面的劇場，也就是說觀眾包圍著舞臺。創造了消除表演者和觀眾之間距離的效果，一旦連結建立了起來，就永遠不會斷開。

這種透過排練、技術調整和預演來為開幕日做準備的機制，可允許最大程度的修改，其中很大一部分是朝著正確的目標前進：觀眾是演出成功或失敗的最終裁決者。觀眾是軟性期限的強硬之處，而凱爾和福爾斯（還有《你好，多莉！》的創作者們）做到了達到軟性期限後，應該繼續做的事情：**利用多餘的時間把你正在做的事情做得更好**。

我看的最後一場演出結束時，人群中爆出一陣熱烈的掌聲。凱爾離開舞臺，然後又走回來，就像排練時那樣向觀眾謝幕。坐在我附近的一位女士在流淚，其他觀眾都站了起來，不停地鼓掌。

即將停止呼吸的男孩

公共劇場有技術週和預演；柏林的新創公司有坦貝的培訓課程。在這兩種狀況中，都有一個很明確的時刻可以進行修改，正如我們所看到的，這一點將決定最終產品是成功還是失敗。然而，其中燈光設計的每個版本都被稱為「草稿」，這並不是巧合。

我身為編輯的工作也有類似的過程。一篇文章的每一次新草稿，都是一個暫停、重讀、診斷問題，並提出修改建議的時刻。我編輯過某些特別複雜的故事，作者和我會修改十次、十五次、二十次草稿，直到最終成品。當然，那也不算是真正的最終版本：在作者和我達成共識，決定我們都喜歡的版本後，會有另一個編輯來讀這個故事並給出評論。接下來，美術部門、事實查核人員、審稿、校對人員都會發表自己的意見，故事就會發生變化，變化的方式有些像新的高潮一樣明目張膽，有的像新的謝幕一樣微妙，直到最後這篇故事可以送去印刷。。

我們在《GQ》時並沒有使用這些專有名詞，但我們致力於意義建構和更新。成功的組織會有某些機制來確保有效更新；而經營不善的組織不管證據顯示什麼，都堅持原來的評估。多倫多大學研究組織行為學的教授瑪麗絲・克利斯帝安森（Marlys Christianson）寫道，當工作場所無法確實為自己創造新的草稿時，就可能會發生災難。

在二〇一九年發表於《行政科學季刊》（*Administrative Science Quarterly*）的〈較多與較少有效更新〉一文中，她比較了十九個不同急救醫療團隊在一次訓練演習中的表現。每組的醫生和護士都面對同樣的場景：一個有氣喘病史的小男孩被送到急診室，症狀是呼吸困難。研究人員測試的是，這些團隊要花多久時間才會發現醫療設備中的一個重要部分（袋瓣罩甦醒球〔bag-valve-mask〕）壞了，以及他們發現後，如何有效更新對情況的評估。如果他們沒有發現並更換袋瓣罩甦醒球，男孩就會停止呼吸，進入心跳停止狀態。

克利斯帝安森寫道：「一個團隊調整他們已經形成的感覺之能力，是有效管理意外事件的基石。」這個實驗的目的是觀察在男孩病情惡化的時間壓力下，會對團隊能力造成什麼樣的影響。她的假設是：「如果這個團隊沒有定期中斷和重新評估意義建構，那麼這種不正常的動能可能會使得團隊無法重新確定正在進行的行動方向。」

在參與研究的十九個團隊中，有八個很快就發現破損的袋瓣罩甦醒球並解決了問題。剩下十一個團隊中，有六個團隊能夠暫停並更新他們的評估，對男孩無法呼吸的原因進行多種不同解釋，最後成功得出解決方案。五個團隊始終沒成功。克利斯帝安森寫道：「歷程管理——團隊如何在重新對工作建構意義以及照顧病人之間取得平衡——成為了有效更新的關鍵因素，尤其是需要在工時延長的情況下進行更新時。」

堅持不懈地重新評估他們的處境，並根據評估改變行動的團隊表現得很好；而那些一旦卡住，就不再從病人身上尋找新線索的團隊表現就很差。對這些醫療團隊來說，光是常規的照護工作就有忙不完的事情：設置靜脈注射、注射藥物、抽血、給病人插管、在他心跳停止時實施心肺復甦術等。要找到時間保持更新並不容易，但最好的團隊做到了。

在 TechCrunch 上，修改的時刻就編列在日程中：第一份初稿發送到比賽中，坦貝的每次訓練課程、音效測試、最後的演練，以及團隊上臺前的最後一次精神講話。在公共劇場，這個過程更加正式：導演在每次排演、每個技術日、每次預演時都要做筆記。這些都是抑制動能的方法，無論這股動能是否失控，他們都能確保總有時間進行修正。

克利斯帝安森的研究中，有一個失敗案例叫做奧斯卡團隊。她寫道，他們一停止繼續評估病人的需求，整個狀況就迅速分崩離析：「病人的情況繼續惡化。幾名團隊成員提出插管阻塞為一種可能的解釋，但他們忘記了病人在模擬過程中已經拔掉了管子，因此根本沒有管子可以阻塞。到了這時，該團隊無法再產生合理的解釋。協助的工作人員給了他們一個提示（「當你不能換氣的時候，那個輔助的東西是什麼……」）來幫助他們想出合理的解釋，但就算有了提示，該團隊仍然困在原地，無法進行有效更新，工作人員停止了實驗：「如果那男孩是真正的病人，他已經死了。」

B計畫的B計畫

在新創競技場決賽當天，馬格斯和桑卡蘭推著兩個巨大的行李箱抵達柏林競技場，比賽結束後，他們要用這些行李箱把機器人運送回家。我問他們感覺如何。「強大，」馬格斯說：「但還有一步要走。」

他們告訴我前一天晚上，所有創辦人和坦貝及其他貴賓都聚集在某間德國餐廳共進晚餐。九點半，晚餐快結束時，TechCrunch 宣布了將在隔天參加決賽的五組團隊名單。更確切地說，他們不是宣布，而是在大家吃晚餐的時候，TechCrunch 網站上發表了一篇決賽公告——這是一種相當科技又非常和平的公布消息方式。我想像二十位新創者一面急切地刷手機，一面吃著炸肉排閒聊的模樣。

馬格斯說晚餐的氣氛很緊繃，充滿了令人不安的笑話。「這感覺有點像《蒼蠅王》（*Lord of the Flies*）對吧？」他說。

當他們發現自己成功晉級下一輪時，馬格斯和桑卡蘭擊掌慶祝，但還是小心翼翼地避免慶祝得太過招搖，甚至決定不要喝完他們的那瓶酒，這樣晚上才能盡量多休息。馬格斯說：「如果你輸了，那麼你就可以出去玩到一、兩點之類的。也許可以去 Berghain[12] 玩個過癮。」顯然，Scaled Robotics、Hawa Dawa、Gmelius、Inovat 和 Stable，這五間新創公司的創辦人那天晚上不會去任何柏林的酒吧。

決賽在兩點舉行，研討會結束的時候，四點四十五分就會宣布獲勝者。馬格斯透露，宣布獲勝者的時候他不會在現場：他必須飛往倫敦參加婚禮，頒發獎盃時正好是他的飛機登機時間。我問他們如果贏了會怎麼做，會打電話給對方嗎？桑卡蘭說：「可能傳個訊息吧。」

他們取笑自己的冷靜，但我指出，沒有多喝酒就證明了他們很認真對待新創競技場。桑卡蘭同意。而且雖然他們已經有投資人了，但可能有未來的投資人在關注他們。他還說這是「絕佳的招募工具」，如果他們贏了，他們就可以增加員工：五萬美元相當於一個新員工的全職薪資。

12 德國最有話題性的一間電音夜店。

然而，他們那無法掩飾的冷靜依然存在。這應該跟坦貝的訓練過程有關，他們成功趕上了她的第一個截止日期：所有比賽所需資料的繳交日期。在接下來的幾週裡，他們和她一起修改演講稿，刪除薄弱的環節，引進新的演說要點。這些也算是一種預演，坦貝扮演付費觀眾的角色。投影片重新排列，一些安插事件，包括奧斯陸那個樑位置錯誤的軼事（Scaled Robotics 的《遊行隊伍經過之前》）也都重新寫過。他們甚至在坦貝面前演示了他們的技術，就在我第一天見到他們的時候。

從這裡我們可以得知，如何利用期限效應爭取更多時間，尤其是**把截止期限設置得早一點，並分成多個階段進行**。如果你善用預演、試營運或模擬服務，你就可以把額外的時間拿來修改與精進。桑卡蘭說，他們很早就在運用這個想法了，他說：「我們的哲學，就是為B計畫再制定B計畫。」

◇◇◇

決賽的形式與前一天相同，最大的區別在於提問的時間，這次提問的時間比演說的時間還長——整整九分鐘。

這是整場研討會中，主舞臺前的座位第一次全部坐滿了人。一千人在現場觀看比賽，還有其他一萬人在線上觀看。兩點鐘，安東尼．哈出場，讓現場氣氛活絡了起來。他穿著西裝，是對這個莊嚴時刻的一種致敬。然後他開始給評審評分的指示，他們最優先評估的是公司的生存能力，然後根據其社會或財務的影響力給予額外的分數。（記得嗎？「賺錢與改變世界」。）他講話時，新創競技場的獎盃就放在舞臺中央。那是一個笨重的東西，一座銀獎盃放在一塊黑色木塊上，上面刻著過往冠軍的名字。

隨後哈邀請評審上臺：四位投資人，其中三位來自風投基金公司，一位來自日本投資巨頭軟銀（SoftBank）。軟銀在投資 WeWork 後，最近因巨額虧損而上了新聞。還有 TechCrunch 的特約編輯麥克．布徹（Mike Butcher），他將扮演類似評審團主席的角色。評審們拿著同款的綠色筆記本，在演講過程中，他們都以一種刻意的方式拿出這本筆記本寫筆記。

最先上臺的是一家名為 Gmelius 的公司，他們推出一款提高效率的工具，讓電子郵件、Slack（團隊溝通平台）和其他組織工具更容易相互溝通。布徹立刻提出了一個致命的問題：當我們都在努力想減少電子郵件的時候，Gmelius 卻反而增加電子郵件的使用？（布徹說這種前景「奇怪且有問題」。）Gmelius 的代表很鎮定：「我們相信電子郵件收件匣不會消失。」或許如此，但在新創競技場的評審們面前，這種對人性的看法未免太宿命論了。

下一個是 Hawa Dawa。韋林這次的演講更流暢了，但有一點點平淡無味的感覺，評審們似乎覺得很無聊。當韋林告訴布徹，他們與一家船運公司有保密協議時，他才稍稍提振了一下精神，她說可以在後臺告訴他更多細節。「噢，有意思。」他說。韋林在走下舞臺的時候，和所有評審握了握手，哈說：「不需要握手喔。」

如果說 Hawa Dawa 是美德的代表，那麼 Inovat 就像是在承認，邪惡將永遠伴隨著我們（以LV包包和避稅的形式出現）。Inovat 的兩位創辦人，一個是俄羅斯人，一個是烏克蘭人，總部位於倫敦，他們承諾將簡化在機場辦理增值稅（VAT）退稅的流程

（這顯然是一項價值數十億美元的生意）。演說時間剩下幾秒鐘，最後一個字正好壓在零上。最後評審們都露出微笑：終於有了一個細瑣但有用的東西。他們似乎還特別擅長避免奢侈品的增值稅，在提問時列舉了幾個已經在這個領域中的競爭對手。但布徹這個名符其實的屠夫[13]只給了 Inovat 一個呵欠，他說：「這點子很顯而易見。」Inovat 的創辦人沒有和任何人握手。

桑卡蘭和馬格斯走上舞臺。一開始，評審們似乎不太投入：關於建築業價值十七兆美元的投影片似乎只是乏味的數據，桑卡蘭也沒有明確表示，奧斯陸那個位置錯誤的樑是 Scaled Robotics 公司發現的。但是，開始實際展示時，評審們就坐直了身體，他們軟體的優點是看起來既強大又簡單直覺。評審們開始快速地做筆記。桑卡蘭甚至以之前沒用過的方式，確實點出了環境問題，強調施工錯誤會導致更多的浪費和汙染。評審們點頭。馬格斯讓機器人經過他們身邊。

13 布徹（Butcher）就是「屠夫」的意思。

布徹直接切入了問題的核心，問為什麼要使用機器人，他們真正的產品不是他們的軟體嗎？桑卡蘭笑了，他完全同意這觀點。他說，機器人特別擅長捕捉現場狀況，但他們也可以從其他來源獲取資料，用行話來說：就是「平臺獨立性」（platform agnostic）。另一位評審詢問建商對這項產品的接受度，他們會不會因為指出建商粗製濫造的工藝，而惹惱很多人？桑卡蘭承認，一些承包商可能會生氣，但一般來說，他相信人們都想知道自己的工作做得很正確。

最後一個上臺報告的是 Stable 的康賽爾。就像一個正統的英國紳士一樣，他以一聲有朝氣的「日安」開場，然後就開始了他的演說。布徹斜坐在座椅的邊緣。很快，這場競爭就演變成了 Stable 和 Scaled Robotics 的對決。不過，評審們似乎太過佩服了：很難看出他們是否真的理解 Stable 在做什麼。在某種程度上，新創公司必須用一個口號來抓住大眾的想像力，而 Stable 沒有做到這一點。它的成功之處在於，看起來規模相當大，資金充裕，而且能恰如其分地改變世界。康賽爾跳下舞臺，看起來很開心。

隨著最後一場報告的結束，評審們回到那個掛著簾子的空間，而參賽者們則聚集在舞臺下方、觀眾前面的一張長桌前。不過，在宣布獲勝者之前，他們請了新創競技場的前亞軍、為網路提供大量基礎設施的 Cloudflare 公司執行長馬修・普林斯（Matthew Prince）來和大家說話。Cloudflare 目前的價值超過五十億美元。

普林斯談到了自己在新創科技大會上的經歷。他上臺之前，公司大概有一千名客戶，到了下臺時，已經有一萬名客戶了。今年的參賽者正全神貫注地研究他，聽了這個笑話後，雖然笑了但仍難掩緊張。馬格斯已經在去機場的路上，桑卡蘭正在用筆記型電腦讀一篇學術論文。我可以看到他把父親的照片設成桌面背景。

隨著宣布冠軍的時間越來越近，Inovat 創辦人的腿開始劇烈地顫抖，桑卡蘭伸出手揉了揉他的肩膀，讓他冷靜下來。康賽爾滿頭大汗，正用自己的身份卡不斷地搧風。最後，終於到了頒發獎盃的時候。布徹走上臺，就這樣突然地說：「全球新創科技大會的獲勝者……」然後他停住，笑了起來。他說：「我就只有這個工作，還差點就把頒獎搞砸了。各位先生女士，二〇一九年柏林新創科技大會的亞軍是——Stable！」康賽爾點頭，跑上舞臺，他們頒給他一瓶香檳。桑卡蘭吹了一聲響亮的口哨。

然後，幾乎沒有停頓，就直接進入了最後的頒獎。二〇一九年新創競技場的贏家是：「Scaled Robotics」！

桑卡蘭雙手重重拍了桌子，那種冷漠沉著瞬間消失。他跳起來跑到舞臺上，一臉既茫然又欣喜。有人遞給他一瓶凱歌香檳，他把它舉到頭頂，一顆彩球在他頭頂爆炸，五彩紙屑落下。安東尼·哈拿出一張開給 Scaled Robotics 公司的五萬美元超大支票，遞給桑卡蘭。布徹把所有參賽者都叫到臺上，讓他們擺姿勢合影。在所有參賽者的最後一張照片中，桑卡蘭站在後排，被其他人擋到幾乎看不見了。

冠、亞軍都為這個比賽做了充分的準備：他們都告訴我，他們已經在投資人面前報告過幾十次。但我認為，Scaled Robotics 取得最終的勝利，是因為他們對標準演講稿進行了修改。他們知道自己不需要投資人，至少現在不需要，而這讓他們減輕了一些壓力。但也讓他們能夠針對新的觀眾（潛在的未來員工）調整演說內容，而這需要他們擴大自己的吸引力，不只是侷限於關注底線的銀行家或業內人士。事實證明，這樣的調整至關重要。馬格斯說：「在準備階段，這個演說經歷了很多版本。測試哪些可行、哪些不可行。」最後的結果就是證明，即使是布徹也無法否認。

桑卡蘭和馬格斯前方的道路現在變得更陡峭了：新的員工，新的投資人，甚至可能還有最終的退場——一切都會來得更快。面對這樣的未來，他們有些矛盾。桑卡蘭說：「要放手會非常困難。這家新創公司是你自我的延伸，你把自己所有好壞特質都傾注其中了。你花了好幾年的時間製作這個東西。把它交給別人真的非常難。」

桑卡蘭試著離開競技場，但他不斷被支持者和一些潛在投資人攔住。他盡可能禮貌地告訴他們以後再聯絡，他要打電話通知他的聯合創辦人。Wotch 的一個人跑過來問他：他們要不要打開那瓶凱歌香檳？桑卡蘭承諾他會請大家喝一輪酒，但這一瓶要留給他在巴賽隆納的團隊。

最後，他從人群中掙脫出來，走向出口。我最後一次見到他時，他獨自一人拖著那張巨大的支票，朝計程車走去。

第六條守則

成為「任務導向的怪獸」

——百思買的「黑五購物節」銷售策略

我從沒想過要去百思買（Best Buy）面試一份賣電視的工作。我原本的計畫，跟我在這本書其他章節所做的事情一樣：在組織內部找個人，在某個重要截止期限（在這裡是「黑色星期五」購物節）之前當我的嚮導，然後我只要拿著一本筆記本出現就好。但在與百思買公關團隊的一名成員進行了初步交涉後，我對整個計畫失去了信心。我打了好多通毫無結果的電話，留下了無數友善的語音留言，還用電子郵件跟進追蹤。就這樣持續了一年多。然後：

哈囉，克里斯多夫：

感謝您有興趣加入百思買！我們收到了您對以下職位的申請：「季節性客戶銷售及服務專員－734928BR」。

我們目前正在審查您的資格是否符合該職位的要求。如果您的履歷合適，我們將與您聯繫，告知您最新狀態以及申請流程的下一步。

敬祝順心

百思買人力資源招募團隊

那時是九月底，黑色星期五之前兩個月。全國各地的零售商都開始雇用臨時員工來處理節慶購物高峰，尤其是感恩節週末。這些商店將創下年度最佳銷售業績，吸引數以百萬計的購物者：黑色星期五當天超過八千萬，前一天接近四千萬（這一天是感恩節，也是傳統大採購的日子，直到後來被商人創造的購物節遠遠拋在後面）。那個週末的總銷售額最後達到六百九十億美元。這是一個非常龐大的後勤挑戰：當顧客流量比正常情況多上十倍時，你該如何準備？

我最熟悉的是災難性的失敗：踩踏事件導致多名購物者受傷；為了超低折扣的微波爐和電視螢幕的爭執打鬥；心臟病發和謀殺。最具標誌性的黑色星期五災難發生於二○○八年十一月二十八日上午，在紐約河谷溪沃爾瑪（Walmart Inc）開門的混亂期間，一名員工因此身亡。傑迪米泰・達穆爾（Jdimytai Damour）被要求在入口處維護秩序，阻止數千名試圖第一時間衝進商店的購物者。接近早上五點時，人群開始喊著：「把門推開。」幾分鐘後，第一批人闖進去了。一名目擊者說：「他們翻越路障，破門而入。每個人都在尖叫。」達穆爾被人群撞倒並踩踏過去，一小時後，他在附近的醫院裡被宣佈死亡。

在那之後的幾年裡，零售商在人群控制方面比較進步了，或他們只是運氣好，也說不定是兩者都有。總之，踩踏事件變得很少——儘管仍有很多人打架，尤其是在商店外的停車場。不過，即使在黑色星期五最瘋狂的日子裡，百思買也是個例外。二〇一〇年曾發生過一起暴力事件，當時一名扒手朝一名正在為玩具勸募慈善活動「Toys for Tots」募款的海軍陸戰隊員揮刀。但這起事件比較像是小說家菲利普．羅斯（Philip Roth）所說的「美國式狂暴」（indigenous American berserk），而不是黑色星期五影響下的產物。而如果百思買比競爭對手更擅長應付這個大日子，我想知道原因。他們是像馮格里奇頓和泰勒瑞那樣使用中間期限或軟性期限，還是像空中巴士和百合種植者那樣，每一步都在計畫之中？不管他們做了什麼，顯然很有效。

在我申請季節性銷售助理的工作時，我規定自己絕對不可以說謊，但我確實從履歷表中刪掉了一些項目。履歷中有我在亞特蘭大上的高中，還有我的某些工作經歷，其中大部分是二十年前，我大學時在一家飯店的影音部門做兼職工作。（如果百思買需要有人用九〇年代的電腦和音訊技術製作 PowerPoint，我完全可以勝任。）我還列出了過去十五年裡我偶爾自由接案的編輯工作。從履歷中拿掉的內容：包含我做過的所有全職工作。我還得把字型大小調到十六級，才能填滿一頁。

我並沒有傻到認為我可能會在那裡得到一份固定的工作，但我希望他們非常需要臨時員工，迫切到不會認真看我那不符的資格。即便如此，我還是無法完全擺脫倫理上的懷疑，那可能才是正確的道德直覺。

在我送出申請的二十五分鐘後，我接到紐約鮑德溫百思買招聘經理的電話，這地方距離紐約市區大約一小時的火車車程。她要我多說一些我的情況，我說我是一名自由編輯，希望在假期前賺些外快。然後她才問我真正的問題：「你感恩節能上班嗎？那天百思買下午五點開門營業。」我向她保證我可以，她問我是否可以來面試。接下來那個星期一的下午兩點，我就去面試了。

我不會談太多面試細節，只想說我認為自己表現得相當不錯。經理很有魅力，也很樂觀，他似乎接受了我半真半假的故事，即我是一名自由編輯，最近業務量比較不足。（這是真的！）他想知道我什麼時間比較有空（目前都可以），但他似乎最在意這兩個問題的答案：你打算偷我們的東西嗎？（沒有。）你會成為經理的累贅嗎？（有可能！）我帶著樂觀的心情離開了這家店，但幾天後，我收到了百思買的電子郵件，郵件中說：「經過仔細考慮，我們將不再繼續受理你對這個職務的申請。」我太崩潰了，事實證明，資格不符就是獲得這份工作最大的障礙。

第二天，我投履歷到另一間百思買的季節性銷售專員，這間距離鮑德溫只有幾個鎮。然後，毫無回應。

另尋目標

在等待百思買的時候，我去參加目標百貨（Target）的招聘活動，這間目標百貨距離我布魯克林的家只有步行距離。我仍然認為百思買應對黑色星期五的方式可能最有條理，但目標百貨承諾，只要通過篩選程序，現場就直接錄取。

這裡的面試進行得快多了。目標百貨似乎主要在檢查我是否得體、有熱情，是否能夠合理地引導顧客購買，而不是放棄某樣東西。我告訴面試官，我對電子產品略知一二（看看我的履歷就知道了，「從一九九九年到二〇〇一年間這裡。」）但他說，唯一有空缺的區是時尚和美妝。噢，在《GQ》工作這麼多年下來，我碰巧比一般男人更懂時尚，但我不能提到這件事。所以我告訴他，時尚聽起來很酷，我非常渴望學習我不知道的東西。就這樣，我錄取了。

第二天，百思買打電話給我，問我這星期能不能去面試，我不情願地答應了。直到幾天後我到達那裡時，才意識到我申請的分店在河谷溪的綠城購物中心裡面。在一個停車場之外，就是傑迪米泰・達穆爾被踩死的那家沃爾瑪。

在一個寒冷的十一月天中午，這個地區散發出一種寂寥的感覺。踩踏事件發生之處有目標百貨、TGI Friday's 美式餐廳、家得寶和沃爾瑪。在一間梅西百貨（Macy's）上方，藍色防水布在風中飄揚，不知道是正在拆除，還是緩慢地重建中。我穿過停車場，走向一面有斜角的藍色外牆，門上掛著一個巨大的黃色百思買價格標籤。

這個商場確實很大：數千平方英尺的空間用來展示電視，中間一大塊區域是手機和遊戲，一個側翼全都是冰箱和家電用品，後面有一個區域展示著筆記型電腦、平板和桌上型電腦。天花板很高，使得這個地方不像目標百貨那麼幽閉。此外，在平常日期間幾乎沒有顧客。

面試我的是這家店的總經理，就叫他大衛吧（因為河谷溪的員工都不知道我是記者，所以這一章的人名都會使用化名）。他三十五歲左右，一臉倦容，有個大肚子，一頭棕色捲髮。他的第一個問題——當然，是關於我何時可以排班。他還問我為什麼選擇百思買，我說我一輩子都在接觸電腦。此外，我想要一份季節性的零售工作，但很難想像在比如目標百貨的時尚部門之類的地方工作。他點點頭。

然後他給了我一系列在百思買工作時可能會面臨的情況：如果值班時，我只剩下十五分鐘的工作時間，但還有一個小時的工作量，我會怎麼辦？如果有人在網上訂東西，但缺少了一個零件呢？如果一位顧客堅持她給我的是五十美元鈔票，但我認為她給的是二十美元，該怎麼辦？他還問我，如果我抓到一個員工偷東西，我會怎麼做。我說，我當然會向我的經理報告。「那如果你是經理，你會怎麼處理？」解雇他們。「你會向警方舉報他嗎？」這裡我停了下來。我知道「正確」的答案是零容忍，但我無法想像，如果我真的是百思買的經理，我會想要把一個只拿最低工資的孩子送進監獄，只因為他偷了一些遊戲手把嗎？

大衛警惕地看著我，「報警。」我說。

大衛跳過了一堆問題，然後到了最後一頁，那一頁是經理要給我的表現打分數的地方。他在一到五的範圍內圈了所有的四，然後問我什麼時候可以開始上班。我內心有個叛逆的種子，讓我想碰碰運氣。「跟你說實話，」我說：「我已經拿到了另一份工作。」大衛微微噘起嘴。「在目標百貨的時尚區。雖然我比較想在這裡工作，但他們給我每小時十五・五美元。我希望至少能超過這數字。」他猶豫了大概一百萬分之一秒，就同意給我每小時十六美元（約新台幣五百元），「當然可以。我們不喜歡那些傢伙。」他指的是目標百貨。後來我才意識到這個舉動是多麼意外的大膽：紐約市的最低工資是十五美元，錄取我的那間目標百貨位於紐約市，但此地拿索郡的最低工資是每小時十二美元。

出去的時候，我們談到了黑色星期五，現在距離黑色星期五只剩三個星期。他在百思買已經度過了十五個黑色星期五。平常每天的來客數是五百人左右，他們預計黑色星期五會達到五千到七千人。我告訴他，這是我想得到這份工作的部分原因：處於那種瘋狂的高峰期似乎很令人興奮。「噢，是很令人興奮，」他說：「而且很瘋狂。」說完，他和我握手，我正式成為百思買的員工。我打電話給目標百貨告訴他們這個壞消息。

成功推銷的祕訣

百思買的招牌藍色 Polo 衫已經沒了，所以他們給我一件黑色的。嚴格來說，黑色制服代表的是商店裡面的倉儲工作人員，但顧客似乎一點都沒注意到區別，只要我有戴上黃色名牌就好了。我見到店經理安東尼，他是大衛的直屬部屬。他身材精壯結實，留著修得很精緻的短鬍子。他告訴我，他在百思買工作了六年，二十歲時當上經理。他談到了這家店的內部晉升文化：八五%的主管和八〇%的總經理都是從內部晉升。「如果你想成為這間公司的執行長，」他說：「是可以實現的。」

在訓練期間，我看了一部介紹公司歷史的影片，這間公司要追溯到一九六〇年代在聖保羅的原始商店，當時它的名字叫「音樂之聲」（Sound of Music）。一九八一年，在一間商店受到龍捲風襲擊後，公司必須售出大量不良庫存，這讓創始人萌生了大打折扣戰的想法。在換了一次名字，勉強維持經營幾十年後，二〇一二年，在亞馬遜（Amazon）的崛起下，百思買幾乎破產。就在那一年，出生於法國南錫的商人休伯特·喬利（Hubert Joly）出任執行長，肩負著扭轉公司頹勢的使命。他做的第一件事就是引入「最低價格保證」策略，以阻止亞馬遜不斷壓低價格的政策。他還成立了子公司「極客小隊」（Geek Squad），主打「客戶服務」和「電器用品維修支援」，這可能會吸引一些仍然想去實體店面的顧客。

從某種意義上來說，喬利是我老闆，所以我不應該太過讚揚他，但他的行動似乎確實讓公司穩定下來。二〇一九年和二〇二〇年的「零售業的末日」（Retail apocalypse）時，許多大賣場（包括那些讓麝香百合花農的日子不好過的大賣場）遭受了重大損失，全美各地許多商場都關閉了，而百思買卻能留住顧客；在此之前的連續五年，銷售額都是成長。二〇一九年，百思買在全球擁有超過十二萬五千名員工，銷售額達四百億美元。介紹影片雀躍地說：「我們是全球最大的全管道消費電子產品零售商！」

我之前要求在電腦部門工作，是因為這似乎是整間店裡我唯一不會完全迷失的區域，但安東尼告訴我，我要去家庭劇院區，也就是電視。我告訴安東尼，我家的電視已經用了十年了，而且還是電漿電視——現在已經沒人生產這種螢幕了。他說沒有關係，我可以學，而且家庭劇院區是黑色星期五最需要人手的地方。在這個重要的日子裡，一台液晶螢幕仍然是大多數人想帶回家的獎品。

家庭劇院區的人似乎都不知道我會加入他們，但他們很快就接受了。我見到我的直屬主管席德，還有羅伯特，一位經驗豐富的銷售助理，我第一天上班就是要一直跟著他學習。

羅伯特身材結實，三十五歲左右，帶著加勒比口音。我在旁邊看他工作，他似乎覺得很有趣，但沒有反對。他帶我快速參觀了一下家庭劇院區，它位於這家店的右前側，占了幾千平方英尺。家庭劇院包含從立體環繞音響到HDMI線再到天線的所有東西，但這場展覽的明星是液晶顯示器，分為三個主要區域：三星（Samsung）區、Sony區，還有ＬＧ區。其他所有的電視，從廉價的ＴＣＬ到東芝（Toshiba）、Vizio和夏普（SHARP），都被貶到邊緣去了。這一區所有銷售助理的堅定目標，都是引導顧客從低價電視轉向三巨頭。

在我輪班時遇到的所有客人（只有很少數例外），進來時都是想要買一台價格最低的電視。但三巨頭的陳設非常漂亮，重複播放著色彩對比非常強烈的特殊影片，因此大部分的人都會忍不住花一點時間幻想有一台自己負擔得起的高階機型的生活。價格差距可能非常大：店裡最貴的一台電視是八十二吋的三星顯示器，售價六千美元（約新台幣十九萬元），可以播放８Ｋ內容，這種畫質在現實世界中根本不存在。而最便宜的大約在一百到三百美元之間，就連這些都比我家裡的電視好很多，也大很多。

羅伯特向我說明這份工作的基本內容：努力讓客人購買比較高階的機型，努力讓他們順便加購音響和附件，努力讓他們購買保固和維修支援，或者申辦百思買信用卡（每多申請一張信用卡，商店就能賺兩百美元）。一定要想辦法追加銷售：有些人可能會覺得他們是衝著特價兩百四十九美元的電視而來，但實際上他們是打造頂級男人窩的潛在客群，潛能正等著被釋放。一般原則是任何追加銷售都是好的，但如果有人被推到一個級別後，表現出拒絕繼續前進的模樣，那麼就不要再推了。有一次，席德走過，看到一個客人拿著一台中階的 Sony，他就開始說那台電視的缺點。但當羅伯特解釋說客人一開始是準備買TCL的時候，他就閉嘴了。席德說：「那台 Sony 是很棒的電視。」

我只觀摩羅伯特做了幾場銷售，他就不見了。後來我找到另一位臨時員工艾瑞克，他已經工作了兩星期，因此銷售知識比我豐富得多。有一次，他突然停下來，揚起眉毛，瞥了我一眼，問道：「他們付你多少錢？」我回答每小時十六美元。他似乎並不感到驚訝；比較像是我證實了他的懷疑。他拿十四．二五美元。我想，如果我在做這份工作的時候能做什麼好事的話，那就是讓我的同事們多賺一些錢，所以我告訴他，他應該爭取加薪到十六美元，而且可以放心告訴經理大衛，他知道我就是拿這個數字。他說他會這麼做。

幾個小時後，我自己也成功達成一次真正的銷售。一個五十歲出頭、留著灰白山羊鬍的男人有點分心地盯著幾台三星。他告訴我，他是來買TCL的，他聽說它們很不錯。我陪他走到TCL那裡，它們全都擠在一起，商店是故意這樣擺，才能讓人難以區分它們的差異。我們瞇著眼看了其中幾台，他找了一台不太貴的，大概四百美元，我也覺得這台電視似乎不錯。

其實，我已經在心裡決定不向任何人追加推銷。我是來這裡觀察，不是要敦促人們買他們買不起的電視。我沒有試著用技術規格讓顧客眼花繚亂，也沒有大談三星和TCL之間的巨大差異——即使我想這麼做也做不到。我只說我相信的，那就是所有的電視都很不錯，在選好你想要的尺寸後，真的不會出什麼大差錯。但不只一次，客人會在瀏覽後問起三星的高階產品：比如，如果它沒有什麼特別之處，為什麼銷售大廳裡有一個專屬的展示區？還有為什麼價格會高這麼多？我會說：「嗯，我不確定有什麼差異。」但通常，只要客人看到一台特選的電視，就很難再回到低階機型的貨架上。

總之，這個人名叫湯米，剛和女朋友分手，他要搬出他們的公寓。他還不確定在這個新的單身公寓裡，他是想要弄得超級酷炫，還是保守一點，以顯示他很認真對待新生活和新住所。因為我光是說出店裡有的各種品牌，就已經耗盡了我的所知，所以我說了我在工作中學到的另一件事。當時Sony有一個特別活動：如果你買任一台Sony電視，再加一台高階聲霸（Soundbar）音響，就可以再優惠三百美元。我們走到Sony那一區，我給他看了描述這個優惠的牌子。相較於和TCL們一起待在大雜燴煉獄裡，光是待在Sony樂園，他似乎就更開心了。

湯米拿起電話打給某個人，緊張地走來走去。最後，另一個助理特雷爾來救我。他用聲霸播放了一小段影片音效給湯米聽，這是一部動作電影的原聲帶，充斥著車子撞擊、槍聲和揮拳的低音。聽著那強而有力的重擊聲，湯米的心中似乎有什麼東西變得更加堅定了，最後他說：「好，就這個。」

「真的嗎？」我問：「噢，好！那我們去收銀台吧。」當我通報這筆交易時，我輸入了特雷爾的員工號碼，這樣這筆交易才會記到他名下。在百思買，銷售員沒有抽取佣金，但公司會記錄個人銷售資料，並給予表現最好的員工獎金。有一些同事抱怨說，有些員工會搶業績，或是明明沒有什麼貢獻，還要求把業績加到自己名下。不過，反正我是新手，本來就很少僅憑自己之力得來的業績，所以我很樂意分享功勞。這似乎讓我在家庭劇院區時，雖然很煩人——因為我基本上毫無銷售能力，但至少在某種程度上還算可以忍受。

說到無能：後來發現我賣給湯米的那款電視缺貨了。也許店裡的某個地方還有庫存，但沒有人知道在哪裡。我本來應該讓湯米就這樣離開，請他到網路上訂購，然後送到他家，但到了這時，我已經花了一個多小時在他身上了。我跑回儲藏區，但就是找不到那台電視。我在店裡找了一遍：因為正在為黑色星期五做準備，電視堆得到處都是，但都不是湯米想要的那台。

特雷爾試著幫我協調，這樣湯米就可以到另一間分店取貨，但這方法也沒用，其他分店都不願意在離假期這麼近的時候釋出它們的庫存。湯米準備走了，我的第一筆生意就要在結帳處蒸發了。

最後，我問湯米是否願意現在下訂單，當天晚一點再來拿電視。電腦顯示這個型號的庫存還有六台，所以它們肯定在某個地方。確定下訂單後，一些神奇的小精靈就會找到不見的電視，然後系統就會發郵件通知你去取貨。其實他沒有必要這樣做，他找到了一台他喜歡的電視，他絕對可以在網路上用同樣的價格買到。而且親自買東西的所有好處都消失了——可以親眼看到它，然後馬上帶回家。不過，也許是出於對我的某種忠誠，他同意了。我終於成功了，雖然滿臉羞愧又精疲力竭，但終於能打電話通報這筆買賣成交了：將近一千美元直接進到休伯特．喬利的帳本底線。我比表定下班時間晚了一個多小時才下班。

◇◇◇

比起其他的部門，家庭劇院組似乎更加陽剛。每當客流量減少的時候，這些男人就聚在一起演練幾個共同的主題：音樂、DJ技巧、賺錢。在這些對話中，我扮演著一個特定的角色：發問的新手，這是一種知識和世俗智慧的表現。而且事實上，這就跟記者做的事情差不多。（我想起喬利在介紹影片中說過的話：「我希望你能把自己寫進百思買的故事裡。」）

團隊中唯一的女性成員是史蒂芬妮，她是三星的專家，因此除了最貴的三星，她拒絕跟客人推銷其他任何電視。我第二天剛上班時，她花了整整一小時向我介紹三星產品的細節：8K、4K、QLED、超薄陣列、全陣列、HDR 32X。最後，她還考我學到的東西，讓我痛苦不堪。「你忘了講量子點了。」她說。沒錯，我沒講，而且我到現在還是不知道那是什麼。

有一次，特雷爾和另一位同事路易士問我那天是不是要跟著史蒂芬妮見習。「我想是吧。」我說，儘管沒有人要我這樣做。他們說：「你最好逃走，她很難搞。」我確實沒有和史蒂芬妮一起賣出東西過。曾經最有機會的一次，是有個人來找六十五吋的電視。他在室內還戴著墨鏡，穿著一件山寨版的 Gucci 外套，他把名片遞給我們，上面宣傳著他的 Instagram：「@stonerinfo」。他的帳號有八萬五千名粉絲，裡面有很多大麻和（與大麻有關的）辛普森家族梗圖。他說他是個時裝設計師，問我還做什麼工作。我告訴他這是我唯一的工作，他似乎大吃一驚，問道：「那你怎麼可能賺到錢呢？」我聳了聳肩。

這位 Stonerinfo 擺出一副出手闊綽的模樣，但似乎對價格異常敏感。史蒂芬妮建議他買更高階的三星，但他還是選擇了他喜歡的中階LG。最後，當史蒂芬妮基本上拒絕賣他LG，她說LG的品質比較差，而他也不願買更貴的三星時，這筆交易就這樣吹了。他問史蒂芬妮價格會不會繼續降，她說會，在黑色星期五那天，但你得和其他上千人一起排隊。

「那不就是我在電視上看到，每個人因此互相殘殺的鬼東西嗎？」他說。他什麼也沒買就走了。

在一開始輪班的過程中，我最好的經歷是幫助一個男孩和他說西班牙語的父親。這個十二歲孩子替我們翻譯。他的父親想要一台能讓他引以為豪，而且耐用的電視，但他們的預算很有限。所以我們去最便宜的那條走道，然而，父親的視線不斷飄向三星。他詢問價格。「八百九十九美元。」我告訴他，兒子翻譯，父親點點頭。我們沉默地看著那台電視好一會兒，我說要帶他去看其他的選擇，但他站在那裡的時間越長，似乎就越不可能改變主意。當我打電話去通報這台電視時，我們都收到了一個驚喜：它正在打折，是黑色星期五之前的特惠，六百九十九美元。那位父親說：「很好。」這是少數沒有被我的倒楣連累的銷售案例。

準備迎接黑五

在黑色星期五的前兩週，我們在早上七點召開了全體員工會議，宣布在這個大日子裡，商店要如何運作。我被錄取時，大衛要我馬上把這個日子空出來：我的第一次輪班可能在任何時候開始，但我必須參加這個會議。

我六點四十五分到的時候，已經有大約三十個人在 Magnolia 家庭劇院展示區裡等著了，Magnolia 是店裡的一個小商店，裡面有最高檔的電視和音響。椅子已經排列好，貝果和咖啡也擺好了。這時店裡所有的電視都關著，營造出一種幾近平靜的氣氛。又過了三十分鐘，所有人才到齊，但最後，全體員工、七十名季節性員工和全職助理，以及另外二十名主管和經理，都聚集在房間裡最大的 Sony 電視前。

安東尼走到前面和大家說話，他說，大衛今天沒辦法主持會議，因為他「病得非常、非常重」。不過，他會用視訊會議的方式加入，做開場致詞——然後他出現了，看起來有點疲憊，但其他方面還好，穿著一件百思買刷毛上衣，坐在汽車後座，他跑到車上是因為要和我們說話，但又不想吵醒太太和小孩。後來知道，他得到的是帶狀皰疹，這通常是由壓力而引起的疾病。

他談到黑色星期五的強度（「這是一年當中最盛大、最瘋狂的時刻」），以及這次演練的重要性。當時全國的百思買都在開類似的會議。他說：「如果有什麼會議你應該全神貫注的話，就是這個會議。」因此，這或許是百思買成功的一個線索：**他們創造了零售業版本的米其林餐廳模擬服務**。然而，我很快就發現，他們做的遠遠超過這些。

大衛把主持棒交還給安東尼，安東尼問這裡有多少人是第一次在黑色星期五上班。

超過一半的員工舉起手。他說：「即使是曾在黑五購物節這段期間工作過的人，也一樣會緊張。我不是在嚇唬你們，但它是一大考驗。」隨後，他公佈了商店要使用的策略，以應對龐大人群和他們那種旺盛狂放的能量。而這策略等於對百思買的經營方式進行了一次徹底的改革。

首先，整個銷售大廳要分為五個區域，其間會設置屏障：家庭劇院、電腦、遊戲、手機和家電。每個部門都有自己的「開門大搶購」商品，所以這些部門要立刻把會造成人潮堵塞的商品分開到不同走道。商品的盒子就拿來當屏障，體積較大的電視在這方面發揮了出色的作用：我已經看到已經有一排六十五吋的TCL盒子將家電與手機區隔開，一排東芝Fire電視的盒子則將遊戲區和家庭劇院區隔開。每個區域都有專門的收銀台，地板上用亮粉紅色的膠帶顯示排隊方向。

接下來，客服和維修小組的技術支援，將從感恩節一直關閉到黑色星期五後的隔天，他們的桌子會變成一般註冊區。一條由電視盒組成的長走道，一直延伸到商店的最裡面，用來充當主要的收銀區，這樣那些進不去特定部門結帳區的顧客，就能在這裡結帳。他們還會從外部公司聘請保全人員，在現場增加更多維安人手。員工的餐食將會請外燴公司準備，如此就沒有人必須離開去吃飯。員工們也無法選擇用餐時間，必須在指定的時間吃飯。

他們預計該年度最熱門的商品是五十八吋的電視，特價一百九十九美元（原價四百七十九美元），想買這項商品的顧客們會全部轉移到店外。排在隊伍最前面的幾十個人會拿到一張票，然後去倉儲區拿他們的電視。另一件預計會吸引大批顧客的商品，是一台八十九美元的筆記型電腦，它就只有擺在電腦區，為了應付暴增的需求量，電腦區已經規劃出超長的排隊路線。

還有一項我本來不覺得有什麼特殊之處的創新，直到我親眼看到它的效果，我才意識到它的價值。在感恩節和黑色星期五這兩天，商店會暫停記錄員工的個人銷售量。這兩天的所有電視、筆記型電腦或 Xbox，都將記入團隊名下。在平常的日子裡，員工之間互相競爭很合理——激勵銷售，鼓勵追加銷售，確保所有顧客都得到及時的關注，但在黑色星期五，速度才是最高價值。這個變化促進了員工的分工合作，事實證明這比平時的銷售手段更有效：客人可以轉移給他人，重新安排，最終由不同的員工通報交易，不會有人擔心他們的員工號碼。為了應付洪水般湧來的人潮，百思買成立了一個「緊急救火隊」。

安東尼結束了他的報告，我們分別回到各自的部門，回顧剛剛學到的內容。我覺得自信滿滿，但席德很嚴肅。他說：「做好心理準備，事情沒有這麼輕鬆。」

團隊合作和目標設定的轉變

銷售團隊的重組，讓我想起我在《行動中的組織》（*Organization in Action*）中讀到的一些東西，這是詹姆斯·D·湯普森（James D. Thompson）於一九六七年出版的作品。湯普森是一名社會學家，他對企業結構如何對業績產生影響特別感興趣。他特別提到的一項特徵是「相互依賴」，也就是說，公司或團隊的各個部分在運作中相互依賴的方式。

他把最簡單的一種相互依賴稱為「匯集式相互依賴」（pooled interdependence）：

每個員工或部門都為一個共同的目標做出貢獻，但他們不需要相互協調以完成他們的工作。絕大部分的時候，這就是平時百思買的運作方式。銷售助理們靠自己增加銷售額，業績也是單獨計算，而整個商店的健康狀況取決於他們的總收入。

不過，在黑色星期五這天，這家店轉變為湯普森所謂的「序列式相互依賴」（sequential interdependence）。現在每一筆交易都經過了許多手，沒有哪一個人單獨得到讚譽。序列式相互依賴的團隊效率比較高，就像生產線一樣，這正是這種形式的典型例子。這種類型的相互依賴需要員工之間更多溝通，以及管理層更多的規畫。當然，這正是演練的目的。

最複雜的相互依賴是「互惠式相互依賴」（reciprocal interdependence），在這種情況下，一個任務可以在團隊成員之間多次來回傳遞。百思買有一些互惠式相互依賴的例子，但在我看來，最明顯的例子是雜誌（對，又是雜誌），在雜誌製作過程中的任何時候，可能是文案或美術部門在等我完成一些事情，也可能是我在等他們。根據我的經驗，相互依賴的增加與更有效地執行最後期限有關。

不過，對百思買來說，序列式相互依賴已經夠好了，而且它大幅改變了我和同事互動的方式，也改變了整體的動態，從競爭變成合作。我認為這可能跟不用記錄個人銷售業績有關：如果沒有獎勵的誘因，即使是最殘酷無情的員工，也沒有理由去偷別人的生意。但根據露絲・威格曼（Ruth Wageman，她在《工作中的小組》〔*Groups at Work*，直譯〕寫過關於相互依賴的文章）的說法，真正激發合作行為的是「任務相互依賴」，而不是「結果相互依賴」。也就是說，緊急救火隊這種結構迫使我們互相合作，不管我們願不願意。

還有一個變化我應該提一下。在平常的日子裡，主管會告知銷售助理，只要想辦法賣越多越好（或者更有可能的是，根本沒有任何目標數字），但在黑色星期五開始時，大衛告訴我們全店的具體目標數字：七十二萬五千美元的銷售額、兩百張信用卡申請、二十名加入 Totaltech 技術支援服務的新會員。

這聽起來很像是借用了所謂的「目標設定理論」（Goal-setting Theory）。蓋瑞・萊瑟姆（Gary Latham）與愛德溫・洛克（Edwin Locke）共同出版了講述這個主題之中最有名的著作，他總結了中心觀點：「我們得出的結論是，最能有效提高績效的，是那些具體而困難的目標。」關於這項策略的研究，是考察奧克拉荷馬州的六間伐木公司。這些伐木公司的困擾是很難讓司機把卡車裝滿，因而導致額外的載運次數和成本。公司經理試著想辦法讓卡車司機做得更好，一開始只是告訴他們，盡最大的努力裝多一點木材。完全沒有效。

然後，他們嘗試了不同的方法：他們告訴司機，每次裝載量都要達到限制重量的九四％。司機們有了一個特定且困難的目標後，表現就迅速改善了。平均裝載量很快從大約六〇％上升到九〇％，而且就穩定在那裡了。這個方法最後為這些公司節省了將近一百萬美元。

除了在相互依賴和目標設定上的改變，百思買在十一月之前就採取了一些措施，提高他們有效管理黑色星期五的能力。河谷溪分店一直在穩定地增加庫存：在平靜的時期，它可能每週會補一輛卡車的庫存，而現在是每週補四輛。二〇〇八年，達穆爾死後不久，在感恩節這天開店就成了大賣場的慣例，當時的想法是為了將客流量分散到兩天。當然，公司還會雇用一群像我這樣的菜鳥，來處理超級大量的客人和他們的問題。

總之，這是令人大開眼界的一課，它告訴我們，即使是這樣的大型企業，也可以透過自我改造來迎接一個特別重要的期限挑戰。雖然將這兩者拿來比較太過浮誇，但我腦中浮現一篇關於阿波羅計畫的文章中的一句話。麥可・托爾森（Mike Tolson）在《休斯頓紀事報》（*Houston Chronicle*）上寫道，當甘迺迪總統設下了最後期限，要在本世紀末將人類送上月球，「NASA必須從一個多用途的科學官僚機構，轉變成一頭任務導向的怪獸」。把「多用途科學官僚機構」換成「全管道消費電子產品零售商」，就能非常貼切地描述那年十一月的我和同事們。

漫長的一天

感恩節的前一晚，我凌晨兩點醒過來，因為一個令人心煩的夢：我拚命想查詢電視的價格，但掃描器就是不聽使喚。事實上，我已經做電視的惡夢好幾個星期了。就連正常的工作日我也很難完全跟上，假如再把顧客數量乘以十或二十，簡直是要瘋了。

感恩節那天，我的班從下午四點四十五分開始。在進去的路上，我看到顧客的隊伍把商店圍了起來，他們又被路障包圍著。大衛在裡面，背對著門，前幾十個顧客就在那裡等待，眼睛裡充滿了渴望，看著我們。幾分鐘後，大衛把所有員工叫上前來，他說，這一天最重要的是效率：讓客人進來再出去，明天再去想追加銷售和附加其他產品的事情。大多數在感恩節上門的顧客，心中已經有一樣特定的產品、特定的折扣。幫助他們找到那個東西，然後就讓他們回家。

接下來是精神喊話的部分。他讚揚員工們，並提醒大家來這裡是為了好玩（對，你沒聽錯）。我環顧四周，希望能看到有人翻白眼，但這群年輕同事們不像我這麼憤世嫉俗。這段講話的最後一部分是在表達對這個夜晚的期待：「這裡絕對不會像你在YouTube看到的影片那樣。」我們有計畫，他保證，這間店絕對不會失控。

距離開門還有三分鐘，大衛要大家各就各位。在家庭劇院區，羅伯特遞了一疊紙給我：最後一項改變。我們不會讓客人拖著電視機去排隊，而是在紙上寫下商品的名稱和編號，結完帳之後，會有人把商品拿到前面給他們。

剩下一分鐘時，安東尼抓住我，叫我待在配件區附近：電線、轉接器和壁掛式支架。他說：「我希望你做一些簡單的事情，無意冒犯。」沒問題，我回答，雖然感覺有點被戳到了。「你不知道我學到了多少！」我想。就在這時，前門開了。

大衛是對的：這裡看起來跟 YouTube 那些影片完全不同。保全一次只讓少數人通過。雖然顧客在店內奔跑時，臉上都帶著痛苦又緊急的表情，但人數沒有多到需要把別人硬擠開或推倒在地。而且他們似乎也很清楚自己要去哪裡：他們腦中已經有了商店地圖和他們想要的產品與價格，都在百思買的宣傳單上圈起來了。家庭劇院區爆滿的速度比其他區慢了一些，大概是因為最優惠的折扣品項只有拿到票的顧客才能買。但是到了後來，我從未見過如此多顧客圍在8K三星周圍，驚嘆地指著它。

感恩節的購物者是真正的死硬派折扣殺手，他們是一群寧願離開家人，不理會剩菜的誘惑，拒絕再喝一杯酒，而去大賣場的電視專櫃閒逛的人。我反覆聽到的一句話是，降價幅度似乎不夠大。幾乎每個我詢問過的顧客都說，他們每年感恩節都會出來購物。

剛開始的兩個小時完全沒有喘氣空檔。我在服務任何一個客人時，一定會被其他三個以上的客人打斷。走到任何地方都會被問上千個問題，我從來沒有連續說過這麼多次「稍等我一下」。我問路易斯人潮是否和去年差不多，他說很明顯的少了。他似乎對這個事實很樂觀：「對我們是好事，對公司是壞事。」

最後，第一波人潮開始消退。排隊等候的客人大部分都拿到了他們想要的東西，付完錢就離開了，雖然增援部隊仍不斷地湧入。我在預定的晚餐時間六點四十五分回到「總部」，也就是員工休息室，吃了個三明治。另一個家庭劇院的員工也在那裡，我們討論什麼賣得最好，什麼賣得不好。他說他賣了一台8K電視，讓我大吃一驚，我能賣出的最最高階機型是一台七百美元的三星。平時休息時的聊天，通常都是關於百思買以外的事情，而現在我們都在談論賣場裡的狀況。每個人似乎都已精疲力盡，距離打烊還有七小時。

我回到家庭劇院區時，才發現我注意到的平靜只是第二波人潮的前奏。大約八點左右開始，就是吃晚餐較遲的人們到來的時候。這時段的顧客比較多是全家一起來，六個、七個，甚至十個人，他們已經吃飽喝足，也許還懶洋洋地躺在沙發上，看了一下足球，現在準備好進行晚上的娛樂活動了。這些購物者仍然想要極低的價格，但他們更有心情好好瀏覽。銷售的步調放慢了。每當我站在那裡跟顧客交談時，席德就會時不時地走過來，「不經意」地提醒我，我們為申請百思買信用卡的人提供十%的折扣。「克里斯，別忘了如果他們申請信用卡的話，在黑色星期五已經很優惠的價格上，還會再有十%的折扣。」當然，從你上次告訴我到現在我還沒忘記呢，那大概是五分鐘前。

大約十點的時候，一種完全無法掩飾的疲倦開始出現。我發現自己越來越想回到總部坐下來，哪怕只有五分鐘，而且我不是唯一這樣的人。有一次我在總部時，路易斯走進來，看到我們六個人坐在那裡，眼神空洞地看著前方。「每個人看起來都受夠了。」他說。問題不在於這次輪班的時間比平時多很多，而是是在賣場中，根本沒有喘息的時間，就算是設計最巧妙的人潮控制系統，也無法解決這個問題。

第三波人潮在午夜來臨。我不確定這些顧客是什麼樣的人，全家一起來的依然很多，甚至帶著幼兒。我猜當中應該很多人以為商店要到午夜才開門——也就是黑色星期五當天，或是以為隔了一天之後，就會有更好的優惠。晚上十二點四十五分，賣場跟這一整天一樣擠得水泄不通。有消息說，雖然凌晨一點以後我們就停止讓客人進來了，但並不會把任何人趕出去。員工們應該一直待到最後一個顧客決定自己離開為止。

最終，在切斷新顧客的供應鏈後，店內的人數開始減少。我足足走了半分鐘都沒被人攔下來。店裡存貨明顯告罄：某些電視機的庫存已經消失，就連不太受歡迎的型號也賣出了不少。總的來說，這個方法似乎很有效：隊伍從來沒有排得非常長，每個人都能買到東西，沒有人死亡。在員工方面，即使是最惡劣的業績小偷也被馴服了，一直保持著合作精神。當然也可能只是因為我們已經累到什麼也做不了，只能按著流程走。

關門前不久，我在總部附近碰到大衛。他問我還撐得住嗎，我告訴他我累壞了，但不知怎麼的還是很有激情。他說要為明天留點體力，那是「真正瘋狂的時刻」。這家店將連續營業十七個小時，一年中最長的購物日。

◇◇◇

第二天早上我到的時候，賣場大廳已經被匆忙重新組裝好了，就像一個徹夜未眠的醉漢在去上班的途中把襯衫塞好。大部分的交通管制機制仍然存在，但現在路障出現了空洞：排在收銀台前面的一些電視和微波爐盒已經賣掉了。我從總部回賣場的路中看到席德，問他我們昨天的表現怎麼樣：營業額目標達成九〇%，兩百張信用卡申請達成一百七十三張。「很不錯啊！」我說，但他看起來很受挫，說道：「我們的目標是一一〇%。」

我走在空了一半的走道上，有一種在啃昨晚大餐剩下的骨頭的感覺，當我無意中瞥見DVD區有個客人拿著特百惠保鮮盒，在吃剩下的火雞和馬鈴薯泥時，更加深了我的那種感覺。我腦中閃過龍捲風襲擊明尼蘇達州後，商店裡的可怕景象。

在家庭劇院區，顧客們重複詢問一些跟昨天晚上一樣的問題。這真的是特惠價嗎？開門大搶購的電視去哪了？還有一個新問題：等等，你們昨天晚上有開喔？

當天的大部分工作，都是在尋找已經賣出去的電視的紙箱。每次我看到地上有不同型號的紙箱時，我都試著在心裡做個記錄，但通常，在我有機會返回去找它們之前，盒子已經不知移動到哪去了。隨著存貨逐漸減少，我移動巨大平臺梯子的技術越來越熟練（參見訓練影片〈梯子安全使用方式SOP〉），以拿取儲存在店內週邊高貨架上的庫存。一般來說，會有穿著黑色倉儲上衣（就跟我穿的一樣）的員工不斷地「減少庫存」，保持地面上一直有貨品，但實在有太多東西要補貨了。

我花了很多時間服務一對夫妻，他們想要一台曲面電視，在我告訴他們曲面電視已經不再流行了之後，他們經歷了悲傷七階段。一個小時後，我看到他們和席德在一起，他們非常友好地向他指出，我已經回答了他們的一堆問題。席德告訴他們不用擔心，我們不抽傭金，所以沒有必要把功勞歸給我。

一位顧客問我能不能幫他把電視搬到車上。他四十多歲，已經開始有了一點肚子。和他一起的那位女士，從她的年齡，還有他試著把一台七十五吋的LG電視搬到小貨車上時她不斷的指手畫腳看來，她一定是他的母親。我們第一次試著把箱子搬進車裡時，從車後面露出了一截。那個人移動駕駛座，請我也挪一下副駕駛座。在這段期間，他媽媽一直站在一旁，告訴兒子這絕對沒有用，他竟然想嘗試，實在有夠愚蠢。他什麼也沒說，但我看到了一種嚴峻的決心。他把箱子使勁推了一下，前排座位又向前傾了一點。再推一下，箱子開始壓縮了。最後用力一推，他砰地關上了後車廂門，臉上帶著勝利和憤怒的表情看著他媽媽。我回到店裡。

根據保全的說法，憤怒就是停車場這一整天的代表詞。人們為停車位爭吵、車子差點碾過行人、顧客占著門口的三個停車位，把他們買的東西搬到自己車上。午餐時，我和一名保全聊天，他說發生了幾起鬥毆。但這些事情都沒有影響到店裡的狀況，證明了我們有能力維持秩序，至少那天是如此。

用餐時間一樣是指派的，在我的半小時裡，我和路易斯、羅伯特坐在同一桌，雖然我們坐在那裡時，羅伯特似乎正在打瞌睡。我們談論了這一天，參考了他們的角度，我對這一天的看法也變得更加堅定。黑色星期五不是為了慶祝，而是要努力活下來，兩天的懲罰讓我們可以在這幾天的之前與之後，得到漫長而平靜的日子。就連平安夜之前的週末都比這時輕鬆。不過，這份工作相當不錯，如果你想要的話，甚至還有晉升的空間。於是他們跳進混戰中，屏住呼吸，直到從另一邊闖出來。

我做成了最後一筆感覺很有意義的生意。有一個人，長長的辮子捲在帽子下面，帶著牙買加口音，留著一撮飄逸的尖鬍子，他告訴我他有一個簡單的要求：他想要他能負擔的最大、最便宜的電視，他不在意是什麼品牌或技術細節，只要非常大，非常便宜。終於有個我能完成的任務了，我拿出手機，給他看一張中國製造的六十五吋海信電視圖，售價三百四十九美元。他毫不猶豫地說：「就是這個。」唯一的問題是，店裡只剩下一台，而我不知道它在哪。我想了個計畫，「我去倉庫看看。」我告訴他，但它可能在另一個地方。這麼大又這麼便宜的電視可能會拿去充當收銀區的屏障。我請他順著那條走道巡查，留意海信的藍綠色標誌，然後我去倉庫找。

在忍受了幾十個像我這樣的員工一整天的翻找後，倉庫看起來似乎更破舊了一點。為了找到那台電視，我必須把紙箱移開，然後爬過一堆微波爐。但還是沒有六十五吋的海信。我在後面繞了幾圈，然後放棄了，回到前面的大廳。讓我驚喜的是，那位客人正靠在一個巨大的海信紙箱旁，帶著大大的微笑等著我。

「你在這條路上找到的嗎？」我問。

「被你說中了！」他說。

他和我碰了一下拳頭。從百思買的角度來看，這大概都是在浪費時間：我得在一小時內賣出十個這樣的商品，利潤才會跟同尺寸最高階的產品差不多。但我給了一位顧客他真正想要的東西，他看起來非常開心。而且我保證，等到你回家後，這些電視看起來都一樣。

我打卡下班，去和特雷爾、路易斯和羅伯特告別。他們告訴我要安全回家，然後又回到顧客風暴中。現在是九點，離關門還有一個小時。我在百思買的職業生涯中，賣了幾台三萬到四萬美元的電視。一個比較好的銷售員（這包括我的每一位同事）很容易就能做到翻倍。儘管如此，我還是為自己感到有點驕傲，不知道我遞交辭呈時，他們會不會看著我的業績懇求我留下來，只要再待一小段時間就好。不過話說回來，既然黑色星期五已經過去，他們真的不再需要我了。

那天晚上，我一覺到天亮。幾天後，我打電話給那家店，告訴他們不用再安排我輪班了：有另一個案子將占據我所有的時間。沒人回我電話，但我也沒再接到排班。

第七條守則

善用期限效應

——沒有截止期限的621救災部隊

佛羅倫斯颱風（Hurricane Florence）再過一天就會淹沒東海岸，但空軍隊員們卻相當平靜。上一次颱風襲擊美國時（事實上，是哈威、厄瑪和瑪麗亞颱風的連續重擊），空軍第621突發事件應對部隊（The 621st Contingency Response Wing）的近四百名男女被派去協助救災。如果佛羅倫斯和那些災難一樣嚴重，此刻我目光所及的麥圭爾空軍基地所有人，應該會在幾個小時內疏散。然而，沒有人顯得匆忙或苦惱。陰沉的天氣讓基地裡發生一切似乎都成了慢動作——巨大的風暴臂壓下了整個紐澤西南部的雲層，空氣出奇地凝結。

每個人都如此冷靜是有原因的：**他們做好了準備**。他們準備之充分，甚至可以花幾個小時帶我參觀基地，也絲毫不影響第二天去協助救災的能力。

第一次來與我會面的是士官長大衛・阿貝爾（David Abell）和陸軍上校萊恩・馬歇爾（Ryan Marshall），他們是部隊的兩位領導。突發事件應對部隊的工作就是字面上看到的那樣，它對地震和颱風等「突發事件」作出應對，更不用說在戰區突然出現的緊急危機了。具體來說，621是一支快速應對部隊，它可以在世界上任何地方打造一個可供大型航空器降落的機場。以救災來說，有一個可用的機場，對需要住所、食物和水的人們來說就是生與死的區別。

所以，兩位重要人物，阿貝爾和馬歇爾，一千五百名空軍隊員的指揮官，他們是空軍中唯一專門處理突發災難的部隊——一場風暴即將來臨，可能使南北卡羅萊納州淹水數週。但他們就在這裡，坐在辦公室裡向我介紹他們的行動。我告訴他們，現在看起來不像已經準備好跳上貨運飛機，協調大範圍救援行動的緊急狀態，但他們向我保證，他們已經準備好了。馬歇爾說：「我們準備好了。東海岸那邊的成員已經準備就緒，只要接到通知就能馬上出動。我們的設計原則就是快速、輕便、致命、敏捷。」

他們的標準流程是在接到五角大廈電話後的十二小時內，空軍的 C-5 或 C-17 運輸機會立即升空，這些大型飛機能裝下夠多的災民帳篷，並具備組裝的能力。不只如此，在抵達當地之前，基本上每一次的任務都是未知數。從分發食物到準備抵禦入侵，什麼事情都有可能發生，當然也包括了即將到來的暴風雨。阿貝爾說：「像這樣的颱風過後，沒人能夠知道會造成什麼程度的破壞。」

對任何面臨不那麼緊急的截止期限的人而言，此處有很重要的一課，但我花了一段時間才學會。與此同時，阿貝爾向我介紹621部隊最近的一些任務。二〇一六年，馬修颱風過後，他們在海地展開了救援行動，在敘利亞拉卡和伊拉克摩蘇爾附近開啟機場展開行動，當時正在從伊斯蘭國（ISIS）手中奪回這兩個城市。（621部隊中，有七個人在這些部署行動中獲得了銅星勳章。）而在哈威、厄瑪和瑪麗亞颱風的救災行動中，他的中隊同時分佈在十五個地點。在波多黎各，空軍執行了兩千八百次空運任務，分發了一千六百萬磅的援助物資。阿貝爾說：「我們積極參與那次行動，試著讓那些機場重新開放。由於它們是島嶼，所以無法使用地面交通，只能透過空運獲得補給和救援物資。」

在我準備前往基地參觀，並和完成拯救生命任務的人們見面之前，阿貝爾告訴我當天晚些時候將會發生一件不尋常的事情。其中一名空軍隊員，中士湯瑪斯·沃恩（Thomas Vaughn）將獲得相當於在戰場上晉升為上士的機會，這是士官中的更高一階。一般情況下，這樣的晉升需要好幾個月，還要進行一系列看似沒完沒了的測試。不過，在這種特殊情況下，空軍會跳過所有的繁文縟節：「我們有個軍階條，可以當場分發。所以我們審閱了整個部隊，我們所有的中士，最後決定就是他。」當時，我是基地裡除了高階軍官之外，唯一知道這次晉升的人。阿貝爾告訴我，如果我看到沃恩，什麼也不准說。他說：「別爆雷。」然後讓我離開了。

處於戒備狀態

沙恩・休斯少校（Shane Hughes）有名片，在我們從總部坐車到621部隊的倉庫（這個倉庫裡存放著前往世界各地所需的一切物品）後不久，他遞了一張給我。名片上寫著，他是基地裡四個突發事件應對中隊之一的行動指揮，還印了該中隊的座右銘：「適應和克服」。

休斯很英俊，金黃色的平頭，三十五歲左右。他就跟我在麥圭爾空軍基地遇到的幾乎所有人一樣，以他們的工作性質而言，似乎是出奇的放鬆。我們在倉庫裡走了一圈，他指給我們看那些被標記為「警戒」的棧板，意思是如果有突然的行動通知，就會使用這些棧板。棧板上有巨大的帳篷、可攜式淋浴器、加熱器、發電機、氧氣罐和好幾箱即食軍糧MRE（空軍隊員最近在慶祝軍糧中加入了彩虹糖）。裝滿飲用水的巨型濾水袋，還有裝了航空燃料的袋子。一種可折疊的拖車，可以作為衛星通訊的操作中心。休斯說，所有的機械設備都是使用航空燃料，或任何你扔給它的燃料，他們最不想要的就是一個對於燃料很「挑食」的引擎。他們每週都會檢查所有的棧板一次，確保這些物品仍然可以使用。

倉庫外停著漆成橄欖色的福特 F-350 和軍用悍馬，還有巨大的堆高機，裝的是特大號輪胎，可以在凹凸不平的地形上行駛。救援行動本質上就是後勤工作——就像黑色星期五時的百思買，只是飛濺的殘骸或子彈殺死卡車和堆高機司機的機率高了很多。621部隊的成員都受過訓練，能在任何照明條件下工作，包括在完全停電的情況下使用夜視鏡。我問他們在完全漆黑的地方開堆高機的祕訣，休斯說：「非常、非常慢。」所有的東西，從運載工具到堆疊的軍糧，都是按照621部隊常用的三種飛機尺寸設計的，即C-5、C-17或C-130。

在我們察看裝備時，休斯的兩個部屬加入了我們，羅納德．羅伊（Ronald Rowe）和唐納．惠蘭德（Donald Wheeland）中士。二〇一六年馬修颱風過後，621部隊被派往海地時，他們兩人都在現場。馬修登陸時是四級颱風，是自一九六四年以來，海地遭遇的最強風暴。對這個還未從二〇一〇年的地震恢復過來的國家來說，颱風無疑是毀滅性的打擊。超過二十萬間房屋被毀，五四六人死亡，近一百四十萬人需要援助。海地政府打電話給美國，五角大廈打電話給621部隊。然後不到十四小時，他們就降落在海地的首都太子港了。羅伊說：「我就在第一批卡車上。」

羅伊和惠蘭德告訴我，在收到要飛往南方的消息後發生了什麼事。和我預想的不一樣——首先，要執行任務的軍人沒有打包行李，沒有開始收集任務資訊，也沒有四處奔波確保所有東西都裝上貨運飛機。相反地，他們回家，家裡的行李已經打包好了，每個待命的中隊都是保持行李隨時準備好的狀態。然後他們會花一些時間和丈夫、妻子、孩子、女朋友和男朋友在一起。

休斯解釋說：「一旦我們接到部署命令，所有人就會回家，確保家裡一切都安排好了，所有的帳單都能順利支付。在你離開的這六十天裡，這些小事都會得到妥善處理。」身為隨時可能被叫走的部隊一員，本身就已經很有壓力，因此這裡至少允許大家回家道個適當的再見。讓家屬們開心和照顧好空軍隊員自己，都是會影響整體士氣的重要細節。

回到基地，一個由不需出任務的空軍隊員組成的任務規劃小組，正在做所有的準備工作。包括與海地政府溝通，收集有關當地基礎設施狀況的情報，並準備在情況需要時採取任何行動。太子港機場仍然可使用，所以重點是建立一個系統，盡量讓更多救援物資飛機到達地面，卸載，然後再盡快返回空中。隨著十二小時的部署時間接近尾聲，隊員們回到基地，聽取任務規劃小組的詳細報告。

休斯說：「基本上，在我們準備出發時，他們會把所有的資訊、聯繫方式，以及他們所知的一切都提供給我們。然後，在我們離開之後，他們還會繼續工作，獲取更多資訊，所以我們降落時，收件箱已經塞滿了大量有用的資訊。」羅伊和惠蘭德說，他們一抵達海地，幾乎是立刻開始建造一個新的直升機停機坪：那裡沒有空間讓飛機和直升機同時降落，所以他們只能臨時起降。

軍用和民用飛機開始從國外運來食物，621航班把這些食物裝上直升機，飛往一些受創最嚴重的地區，那裡的每棵樹都被颱風刮到光禿禿的。羅伊說：「我們開始把一袋又一袋的米裝到直升機上，直到它們無法載運為止。我覺得我們有時已經超出了它們的載運能力。」與此同時，621部隊的其他成員一直在搭帳篷，為當時無限期駐紮在海地的空軍隊員提供食物和庇護。

偶爾，羅伊和惠蘭德會親自登上直升機幫忙發米袋。惠蘭德不喜歡赤裸裸地表達情感，但當他想起與海地人近距離的互動時，他的聲音都變得柔和了。他說：「看到物資確實流向了真正需要它的人，這是一件很有意義的事情。」我想起了麗蓓卡・索尼特（Rebecca Solnit）所說的，在自然災害後產生的共同目標感，這是「一種比幸福更深刻，但極為正向的情緒」。

621在太子港停留了十四天，然後他們將整個流程反過來做。「十四天之後，你們就把所有東西打包起來，放回飛機上，然後飛回這裡？」我問。

「對。」羅伊說，三個空軍隊員都笑了。

休斯說：「我們回來，會有一段重建期，這樣我們就能以最快的速度把設備恢復到完美狀態，然後我們就能夠以萬全準備重新開始工作。」

空軍隊員用來形容下一批準備部署的中隊是「處於戒備狀態」，這似乎準確捕捉了他們在基地那段時間的樣子——**他們完全準備妥當，靜靜等待著**。

每個中隊每年有三個月的時間處於戒備狀態。惠蘭德告訴我，他女朋友很喜歡那三個月，因為那是他們在一起時間最多的三個月。處於戒備狀態的空軍隊員必須待在基地附近，而且他們不需要參加當年度其他九個月裡的任何工作崗外訓練。

但相對的，他們隨時可能會被叫走。我們談話時，休斯、羅伊和惠蘭德都保持著戒備，他們比總部的所有人都還戒備，因為他們是這次可能要為佛羅倫斯颱風顛覆自身生活的人。但他們仍是基地裡最冷靜的三人組，這並不是說他們沒有記掛著這場風暴。羅伊說：「昨天，我收到我爸的訊息，他問我『你們都準備好離開了嗎？』因為他們都在看新聞，知道我們此刻在做什麼。我告訴他：『我不知道，當我得到消息的時候，我才會知道。我會告訴你們的。』」

我問他們，這兩種情況的結合——每一天都是最可能和最不可能有空的日子，對他們的家人來說是不是很煎熬。羅伊說沒錯。他學到的一件事就是，如果父母來看他，隨時提醒他們要買旅行保險。誰也不知道下一次地震什麼時候發生，誰也不知道熱帶低氣壓會不會變成一團充滿水氣的風暴怪物。

休斯告訴我，他姊姊曾來麥圭爾看過他三次。「她三次都有見到我太太，但是只見到我一次，就在戒備的其中一天。當我保持戒備時，他們就知道這次探親很有可能又見不到我了。」

沒有截止期限時，怎麼辦？

如果說621是美國空軍的先鋒反應部隊，那麼阿爾法麥克（Alpha Mike）就是先鋒中的先鋒。他們是先遣部隊，在其他所有人之前先部署，去評估該部隊計畫使用的機場，並確保它能接納第一架貨機——以及其後的每一架。621有能力派遣數百個人前往災難現場，而阿爾法麥克永遠都是同樣的規模：八名空軍隊員，每個人都是決定機場是否準備好接收大量交通的某領域專家。

休斯稱阿爾法麥克為「我們更輕盈精練的第一反應小組」，他帶我去他們所在的機庫。這裡的警戒包要小得多：兩輛載有物資的悍馬車，以及兩輛名為MRZR（唸做em-razor）的全地形車輛，用於探測悍馬無法進入的區域。它的尺寸是設計來裝得下621所使用的最小飛機。

阿爾法麥克的六名成員在等著見我們。我先前認為羅伊和惠蘭德是基地裡最冷靜的人，但那是因為在遇到這群人之前，我的筆記本裡只有羅伊和惠蘭德。從他們隨意互動的情誼看來，他們比較像一支足球隊，而不是軍隊。如果把他們描述為冷靜，就表示他們正意識到地表上的某個地方有威脅（「佛羅倫斯什麼的？」）。

休斯把我介紹給負責的警官艾倫．詹寧斯少校（Allen Jennings）。他身材消瘦，耳朵附近剃掉了一撮頭髮。我還沒來得及問任何問題，詹寧斯就宣佈，與其在機庫裡交談，不如坐MRZR去外面逛逛。他給我一個摩托車頭盔（在執行任務時他們使用戰鬥頭盔）和一套防水服。詹寧斯警告我說，路上可能會有一些泥坑，但「我們會盡量讓車保持直立」。

MRZR看起來像一輛充滿動力、久經沙場的高爾夫球車。它跟621使用的其他東西一樣，用的也是航空燃料。我們爬上車，四個人坐一輛高爾夫球車，然後疾馳而去。我發現我的司機是沃恩中士，也就是那天將獲得晉升的空軍隊員。他有一頭烏黑、向後梳的頭髮，就像《飛車黨》（*The Wild One*）裡的馬龍・白蘭度（Marlon Brando），只要把白蘭度那種叛逆態度換成一本正經就是他了。我真的很想試探他是否知道等一下會發生什麼事，但MRZR的引擎聲音太大了，我們幾乎無法交談。

沃恩載著我們經過了軍營、醫院，還有停滿貨機的停機坪。麥圭爾是迪克斯堡聯合基地的一部分，迪克斯堡屬於陸軍，我們很快就進入了他們的領地。唯一不同的是人們的疲勞程度。

我們離開柏油路，開上一條礫石路，通往樹林：這個基地很大，裡面還包括了數百英畝的森林，供軍隊進行作戰訓練。大約十五分鐘後，我們離開礫石路，前方沒有路了，我們彷彿是胡亂衝進灌木叢裡似的。而這就是詹寧斯的目標，他想證明ＭＲＺＲ夠靈活，可以衝過、越過或從底下穿過任何障礙物，無論是倒下的樹、陡峭的斜坡還是一灘泥濘。車子盡力維持直立，雖然有幾次就差一點。

我們開到一塊空地時停了下來，沃恩脫下頭盔，一撮頭髮掉下來扎到他的眼睛。「嘿，」他說：「既然你在《ＧＱ》工作，你知不知道有什麼髮油，就算戴頭盔也撐的住？」（我不知道。）與此同時，整個團隊都聚集在詹寧斯周圍。他說：「我們覺得在這裡談話比在基地裡好。」首先，他向我介紹團隊的八名成員。不過，實際上是七加一：阿爾法麥克的正式成員七名，再加上一名從空軍其他地方調來，負責與當地政府進行實地談判的高階軍官。這名軍官的軍銜必須至少Ｏ－６以上，意思就是上校或將軍。

其他人之所以被選中，是因為他們有能力在最少機組人員的情況下，完成機場建設和運作的工作。有一名操作官員負責空中交通管制，兩名土木技師負責測試跑道的耐用度，一名通訊專家負責確保他們能將資訊傳回麥奎爾和五角大廈，一名貨運專家或「空中搬運工」是後勤方面的專家，還有一名保安部隊成員，他比其他人更全副武裝，確保整個行動的安全。沃恩就是阿爾法麥克的保安，他自稱是隊裡的「警察」。

颱風瑪麗亞襲擊波多黎各後，一個阿爾法麥克小組就被派往島上，研究哪些機場可以支持救援任務。聖胡安機場可以使用，而且物資確實從這裡運進來運來，但五角大廈不想妨礙民用航班。（在風暴之前與之後，有多達四十萬名波多黎各人離開了該島。）他們的注意力很快轉向聖胡安以東約四十英里處，一個名為羅斯福路的退役海軍基地。唯一的問題是，自二〇〇四年海軍把它移交給文官管理以來，它從未承受過密集且沉重的交通。阿爾法麥克的工作，就是去羅斯福路看看它的跑道能否承受每天二十四小時，每小時處理大約四萬磅的貨物。

隊員們一抵達波多黎各，就馬上開始工作。通訊官員建立了與主要大陸的聯繫，行動官員接管了現有的空中交通管制塔（雖然他們有能力建立自己的可攜式塔臺），保安人員檢查周邊環境，O－6去做上校該做的各種事情，兩名技師開始測試停機坪。這包括沿著跑道鑽幾十個洞，採集岩心樣本，並分析他們所能收集到的任何資料。目標不只是確定多大的飛機能在機場安全降落，還要確定在跑道解體之前，能夠承受多少次起降。每天出入一百萬磅的貨物能夠摧毀幾乎所有機場。

四個小時。這是在更多人員到達之前，阿爾法麥克在當地向基地提交評估報告的時間。詹寧斯形容這時間「很緊繃」，這是我第一次聽到基地裡有人承認他們的工作非常棘手。他說要想成功，他們必須「一路衝到底」。通常，工作步非常快，團隊沒有時間打開帳篷和床鋪用品，所以他們就睡在坡道上。「不舒服是正常的，」詹寧斯說：「他們都知道會很不舒服。」

我問詹寧斯，他如何讓團隊為這些任務隨時做好準備，在掌握極少資訊的情況下，成為最先部署的人。他說，噢，他們別無選擇。如果電話隨時會來，根本不可能拖延。所以他們一再檢查設備，隨時收拾好行李，經常開MRZR出去兜風。他們片段片段地練習部署的每個部分，然後練習整個流程。他說：「做這些事的次數才是最重要的，所以當他們走出門，真正要去做這件事時，雖然完全是沒有去過的地點，但他們其實做的是例行公事。」

隨時截止，隨時就緒

有一段時間，我認為可以把621當成範例，展示如何同時使用所有我學到的截止期限處理方法。首先，他們充分利用自己設定的最後期限，然後他們把自己變成那種相互依賴的團隊合作專家，這種合作我在百思買、富爾頓和麝香百合農場都看過。他們進行了大量的訓練，而且通常跟真實狀況沒有區別——堅定的軟性期限，就像我在泰勒瑞看到的那樣。他們還根據實際情況進行修改，比如在海地現場建造了一個直升機停機坪。他們是專注於任務的專家，在擔心（比方說）晚上睡覺的床有多舒服之前，他們只專注於優化團隊規模以及安全開放機場。

但直到我偶然看到麻省理工學院經濟學家穆罕默德．耶爾德茲（Muhamet Yildiz）的幾篇出版物，我才真正理解621順利完成工作的原因是什麼。耶爾德茲曾發表過一篇名為〈樂觀主義、期限效應和隨機最後期限〉的工作論文，內容是關於期限效應的負面版本，即是什麼導致談判拖延到最後一分鐘。

然而，耶爾德茲發現，如果期限為「或然」，這種期限效應就會消失，而這只是用比較文雅的字眼表示「隨機」。例如，如果紐約大都會運輸署和運輸工會被告知說，他們必須在下一次重大軌道火災（這種情況經常發生，但無法預測，而且需要額外的勞動力來控制）之前簽訂一份新合約，他們就有必要結合重要性和隨機性，在不等待特定期限的情況下達成協議。耶爾德茲還向我指出了一項關於 eBay 和亞馬遜拍賣的研究，該研究顯示，如果拍賣結束時間是浮動而非固定時間，等到最後一分鐘才出價的人數會下降，得標價會提前出現。

耶爾德茲寫道：「透過給予一個由事件觸發的最後期限，而這個事件沒有固定的發生時間，並超出了各方的控制。」這樣一來，期限效應就能被馴服。原因也相當明顯：**如果你認為商議的時間隨時可能耗盡，那麼你會更有可能妥協**。

從阿爾法麥克和６２１的成員身上，就能看出這種方法的精神和實際好處。他們面臨的最後期限完全隨機：自然災害可能發生於任何時間、任何地點。然而，他們卻似乎過著既高風險又無壓力的生活。如果你認為隨時都可能被要求亮出你的牌，那麼你更有可能一直握著一手很強的牌。（我們也可以對生命本身提出同樣的論點。畢竟，生命也是一項截止日期為隨機的任務。）

他們這個團隊已經達到了心理學家米哈里．契克森米哈伊（Mihaly Csikszentmihalyi）所謂的「心流」（Flow）——當你竭盡所能去完成一個困難而有價值的目標時所感受到的樂趣。契克森米哈伊在關於這個主題的書中引用了一位舞者的話，描述當一場表演進展順利時的感覺：「你的注意力非常集中。你沒有走神，你沒有在想別的事情，你完全投入到所做的事情中，你會感到放鬆、舒適、精力充沛。」契克森米哈伊寫道，一個經歷心流的人，「不需要害怕意外事件，甚至死亡。」

當然，不是每個人都能憑藉著自然災害來保持警惕。但是有一種方法可以模仿其他的一切——練習、排定的檢查、日復一日永不落後的工作——來達到同樣的效果。畢竟，即使是阿爾法麥克也不需要颱風真正登陸，才能確知一切皆準備就緒。

不管怎樣，佛羅倫斯颱風並沒有造成需要出動621部隊幫忙的那種災害。颱風造成了死亡、洪水和有毒物質洩漏，但不到政府需要呼叫空軍救援部隊的程度。詹寧斯和沃恩還有其他人都待在家裡。不過他們還是一如既往地隨時就緒。

之後的事

當我們結束MRZR之旅返回時，中隊的大部分人已經在阿爾法麥克的機庫集合。沃恩看起來很困惑：只有阿貝爾士官長和其他三個人知道接下來會發生的事，空軍隊員們只知道要集合，等待宣布消息，如此而已。沃恩中士過去，和其他人一起排好隊形。

雲層短暫地散去，陽光從機庫的門口照進來，阿貝爾和馬歇爾走進來，向隊員們致辭。他們說，自從管理621以來，很遺憾大家總是被困在基地，而其他部隊可以去出外勤。馬歇爾說：「但你們可以做一些很酷的事情——你們能真的拯救生命。」不過，待在總部也不全是慘澹的景象，國防部偶爾會給他們機會去做一些特別的事情。

最近，美國空軍收到通知，要透過一個計畫增加指揮官當場授予的晉升次數，計畫名稱為STEP（Stripes for Exceptional Performers，傑出表現者軍階條——軍隊裡的一切，無論實際上多麼精彩，都必須用一個枯燥難懂的首字母縮寫詞代表。）他們問隊員是否聽說過STEP晉升，隊員們承認聽說過，但沒有人親眼見到誰升遷過。他們說，噢，我們今天就有一個：「沃恩中士，請上前一步。」人群中響起一陣歡呼。

「孩子，」指揮官說：「這將改變你的人生。」他把沃恩手臂上的中士徽章（星星周圍有四道條紋）取下來，又把一個有五道條紋軍階徽章別在那個位置。沃恩現在是一名上士了。有人遞了一瓶香檳給他，整個中隊歡呼起來，然後高喊：「感言！感言！」（沃恩說：「我從來沒有加入過關係如此緊密的部隊，但CRW就是這樣。」）

後來，詹寧斯告訴我，這整個過程——從獲得五角大廈的批准，到把沃恩的家人帶進來，就像621做的其他事情一樣，在十二個小時之內完成。他說：「這簡直就像在第二次世界大戰戰場上會出現的晉升時刻。」他似乎仍然對發生的事情感到震驚，這讓人有種感覺，正規的晉升道路一定非常艱難。我發現羅伊和惠蘭德站在附近，於是問他們怎麼想。惠蘭德說：「這非常激勵人心。」詹寧斯補充說：「當你看到正確的人得到榮耀時，是一種激勵。」

我原本以為，STEP晉升確實是一件很值得見證的事情，但本質上與我從621身上挑選出的截止期限智慧無關。然而，與羅伊和惠蘭德交談後，我意識到我錯了。這是另一種隨機的截止期限，一種隨機但強大的力量，可以激勵整個中隊。看起來只要你的表現水準夠高，晉升似乎隨時都有可能到來。

從某種意義上說，每當我們面臨截止期限時，我們都會想利用緊迫性來刺激行動。企業用來激勵員工或在截止期限前完成任務的策略，是一種重新分配緊迫性的方法：提前截止日期，把它們拆分成較短的部分，聚焦於任務，讓團隊相互依賴。訣竅就是要持續地感受到期限效應，即使截止日期本身已經消失了。

一九五五年，西里爾．帕金森（Cyril Parkinson）在《經濟學人》（*The Economist*）上開了一個玩笑：「增加工作，是為了填滿用來完成工作的時間。」這對辦公室苦力來說，也是一種無期徒刑。但如果我們試圖逃離這種暴政呢？如果我們對任何事情都準備就緒，也許就可以對一切都感到放鬆自在？想像一下，這種狀態會不會開始比較不像截止前的焦慮，而更接近平和的狀態？

後記

這本書的截止期限是二〇二〇年三月一日。在簽出版合約時，就要設定交書的日期，因為閱讀了伊莉莎白・馬汀的人口普查研究報告，於是我選擇了我覺得舒服的最早日期寫在紙上。在寄給出版社之前，我有一年的時間來報導、寫作和修改這本書。

我要克服的第一個障礙，是我的編輯班・羅南（Ben Loehnen）在合約簽署後不久說的話。他告訴我，另一位與他合作的作者，因為錯過了交稿日期而驚慌失措地打電話給他。羅南非常溫和地告訴那位作者不要擔心，他甚至沒有記下正式的截止日期，只要作者沒有超過截止日期太久就行。這顯然是圖書出版業的常態，但對於像我這種想要利用截止日期快速工作的人來說，這絕對是致命的事情。

我已經看到了靈活的交書期限對羅伯特・卡羅（Robert Caro）的影響。卡羅是《權力經紀人》（*The Power Broker*）的作者，以及預計出版五集的林登・詹森（Lyndon

Johnson）傳記中四集的作者。他的職業生涯始於新聞業，曾經能在幾小時內扭轉一篇報導的局面。他寫道：「在我轉換領域，改去寫書的時候，截止日期不再是今天以前或這個星期，或如果你在新聞業夠幸運的話，偶爾會是一個月。那是好幾年前的事了。但還是有最後期限：出版社的交稿日期，以及另一個限制條件：錢——我在做研究時賴以生存的錢。但殘酷的事實是，對我來說，這兩種約束都無法戰勝另一種東西的力量。」另一種東西，他解釋是在動筆寫作之前，還想要繼續研究和報導的期望。到現在為止，那套詹森傳記他已經寫了將近五十年了。

羅南和卡羅，這些人是我的敵人。我的書交稿日是三月一日，我就應該在三月一日前完成一本書。一開始，我的方法有點像從右到左規劃。我最初的幾位訪問對象中，其中一個是比爾．韋斯特，我記得他給我的一個警告。他說：「人們會太過專注於事情的細節，卻沒有制定一個最高層次的時間表。」先把大方向搞清楚，然後再填入細節。我知道我必須在年底前完成所有的報導，而且我希望章節之間盡量不要重疊。所以我做了一個簡單的日程表：春天完成兩個工作地點，夏天三個，秋天三個。（我在泰勒瑞的報導也是在秋天進行，但那一章我已經寫完了——內容正是書籍提案的一部分，讓我拿到了這份合約。）

我為每一章設置了自己設定的最後期限，這將成為整個過程中的「檢查點」。我會在完成報導後把每一章都寫下來，然後放在一邊。例如，到五月底，我就有了關於馮格里奇頓和富爾頓那一章的完整草稿。當《紐約時報雜誌》刊登餐廳那一章的摘文時，感覺就像出版社版本的「親友晚宴」。在富爾頓餐廳，燉飯當晚就從菜單裡拿掉了。在《時代週刊》中關於巴黎咖啡的大部分內容，則是都沒有收錄到書中。

我最初的提案有九章，原本計畫是讓空中巴士和公共劇場都成為獨立的案例研究。然而到了仲夏時，很明顯我必須專注於我的任務。空中巴士 A220 的新裝配線還要再一年才能投入使用。凱爾這部劇的幕後故事雖然引人入勝，但最適合做配角而不是主角。所以，就像德拉尼放棄了走遍五十州的巴士之旅，我把九章變成了七章。

我們現在進入最後階段了。報導的部分結束後，我做了一件不尋常的事：我接受了一份新的正職，成為《紐約時報》的編輯。我讀過很多社會科學論文，我想起約瑟夫．

希斯和喬爾・安德森在〈拖延和延伸意志〉中寫的一些東西：「確保一個人正以合理的高強度工作，最好的方法就是承擔太多。」我也在想維也納作家卡爾・克勞斯（Karl Kraus）說過：「記者是受截止日期的啟發的人。如果有時間，就會寫得比較糟。」每天早上，我都會比其他人早兩個小時上班。這兩個小時是我寫這本書的時間，這無疑是我工作的重點。如果你認為我這種方式太過機械化，我應該補充一下，到了最後那段時間，我已經被這個時間表搞得筋疲力盡了。

到新年的時候，我已經為自己建立了一個「軟性期限」，而且非常堅定。我下定決心要在二月的第二週之前寫完這本書。為了確保自己能做到，我告訴我太太喬琪亞和我的經紀人克里斯・帕里斯－蘭姆（Chris Parris-Lamb），我會在那星期把初稿寄給他們。在這一點上，我犯了一個錯誤。我心想：「到時候我會把所有東西都寄給他們，但如果我只寄給他們書的主體部分，繼續寫序和結語部分也沒關係。」（畢竟，如果我已經把所有東西都寄給他們了，怎麼可能還在寫這些話呢？）果然，二月到了，我只能完成書的主體部分。

儘管如此，這個軟性期限還是讓我在三月一日之前完成了所有工作。有克里斯和喬琪亞，最後還有羅南當我的預演觀眾，我就可以修改我已經有的東西：這裡刪掉一點，那裡加一首新歌，打造我的表演高潮。

最後，從我簽下合約的那一刻起，整個安排就是相互依存的。在我交稿之前，羅南不能開始編輯；等到他把評論回饋給我，我也才能開始修改，與此同時，文字編輯、事實查核人員、製作編輯和宣傳團隊都在等我們。我們就像阿爾法麥克，只是沒那麼多武器。這是一個巨大、動態、高性能的截止期限機器，我有什麼資格把整個工作搞砸呢？

事情的轉折是：三月一日到了。我有了一本我認為已經準備好的書。但我無法忘記和羅南關於彈性交稿日期的對話。所以，在這個過程的最後，我問羅南能否再給我一個月的時間，讓它稍微沉澱一下，他說可以。畢竟，我們把交稿期限訂得那麼早，沒有什麼好著急的。

◇◇◇

麥可・波倫（Michael Pollan）在他的《食物無罪》（*In Defense of Food*）一書開頭就提出這樣的建議：「吃吧，但不要太多。多吃植物。」如果讓我同樣用幾個字來簡述本書，我可能會選擇：「設定一個最後期限，越早越好。」（對啦，波倫的比較吸引人。）我們這裡提到的每一個成功組織背後，都有這個概念。截止期限就像是引擎，早點發動它，你就能開車上路。

到處都能看到證據。在集資平臺 Kickstarter 上，截止期限設為最長六十天的計畫，都沒有截止期限較短的計畫那麼成功。在微軟，一項將每週工作時間限制在四天的實驗性專案，使生產率提高了四〇％。在紐西蘭，一個類似的計畫也提高了生產力，更讓員工幸福感大幅提升。

經過一年的實地考察，這就是最深刻的教訓。截止期限、時間管理、生產力：這些不只是經濟學家要研究的抽象概念，它們決定了我們生活的物質條件。

要了解我參觀的這些工作場所，就必須先了解它們所在更大的經濟和社會世界。因此，克羅克特教我如何強迫一株麝香百合開花，但她也不停地談論移民政策和家庭農場的消亡。泰勒瑞的開放日需要一個造雪團隊，而他們把一個經營滑雪場的故事變成了關於氣候變化的象徵。百思買已經找到了黑色星期五的甜蜜點，但另一頭的梅西百貨卻在關閉商店，而且全國裁員兩千人。我可以和德拉尼討論選舉策略，但愛荷華州的農民卻想和他討論社會主義和醫療保健。

大約五十年前，約翰・麥克菲（John McPhee）為《紐約客》寫了一篇文章，名為〈尋找馬文花園〉。如你所料，故事的其中一條主線是關於大富翁（馬文花園是大富翁遊戲中最貴的房產），麥克菲寫了關於玩這個遊戲的故事，然後他去大西洋城，去尋找各個房產名字的來源。他找到木板路、公園廣場、文特納和聖查理斯。我的一個朋友把文章的這一部分叫做「故事A」。當麥克菲開著車在紐澤西海岸到處轉，經過許多用木板封住的房屋和破碎的窗戶時，第二個主題出現了：「美國城市的衰落」。當麥克菲終於找到馬文花園時，才發現它甚至不在大西洋城裡。正如他所寫的，它在「郊區中的郊區」。這就是「故事B」。

對於我寫這本書時研究的組織來說，故事B通常非常可怕。這些勞工承受著莫大的壓力，即使是在新冠肺炎大流行顛覆經濟之前。無論過去還是現在，我們都處於混亂、流離失所、沮喪無挫的時期。然而，在故事A中，我們看到人們只是認真做著自己的工作，偶爾穿插著歡樂和幽默。我遇到的這些人未必知道未來會怎麼樣，但他們知道，今天，他們按照計劃工作，做得很好。

麥克菲自己也承認，他在寫作時會非常焦慮。他說，每天去辦公室，他都會在那猶豫不決，驚慌拖延，查看筆記，重新整理桌子。但是，最後在一天結束的時候，當他再也無法逃避的時候，他會在紙上多寫幾個字。他說：「每個星期這樣做六天，每天都在桶子裡放一滴水，這就是關鍵。因為如果你每天放一滴水到桶子裡，三百六十五天之後，桶子裡就會有一些水了。」

我去史密斯河鎮看麝香百合的那趟旅程中，深夜抵達奧勒岡州梅德福機場附近的一家汽車旅館。在櫃臺時，那個職員剛來值夜班，連制服襯衫都還沒有穿上。他問我大老遠從紐約來這裡做什麼，我告訴他。

他說自己也是個作家，他寫了十章關於半身人和聖騎士的奇幻小說，但現在卡住了。幾年前，他在半夜醒來，想到了完美的結局，於是他在黑暗中狂熱地寫下最後一章。但現在，雖然已經寫完了結局，卻沒有動力去填補中間部分。

答案很簡單。「設定一個最後期限，」我告訴他：「而且越早越好。」他也承諾會這麼做。

謝詞

我要感謝很多讓我得以寫這本書的人。我的經紀人克里斯・帕里斯-蘭姆從一開始就呵護著這個專案，當時我的介紹也不過就一句話：「我只想對你說一個詞：截止期限」。不久之後，他的同事莎拉・波玲（Sarah Bolling）和威爾・羅伯茲（Will Roberts）加入了我們，他們在推廣《期限效應》方面發揮了重要作用。

我對優秀編輯技巧的標準高得不可思議，但班・羅南還是超越了我的標準。他讓《期限效應》變得更好，一章接一章，一句接一句。我得到了狂熱讀者出版社（Avid Reader Press）整個團隊的無數幫助：潔西卡・琴（Jessica Chin）、愛麗森・佛納（Alison Forner）、摩根・霍伊特（Morgan Hoit）、伊莉莎白・哈巴特（Elizabeth Hubbard）、卡洛琳・凱利（Carolyn Kelly）、艾莉・洛倫斯（Allie Lawrence）、亞曼達・穆荷蘭（Amanda Mulholland）和亞莉珊卓拉・普莉米亞尼（Alexandra Primiani）。

凱爾・保萊塔（Kyle Paoletta）對這本書進行了事實查核，抓出了一些錯誤。

尚—喬治・馮格里奇頓餐廳的部分摘文出現在《紐約時報雜誌》上。我很感謝克蕾兒・古提耶雷斯（Claire Gutierrez）、比爾・沃斯克（Bill Wasik）和傑克・西弗斯坦（Jake Silverstein），他們問了我一些聰明的問題，刪掉了我的一些愚蠢的笑話（也有保留幾個完整的笑話）。羅伯特・里國立（Robert Liguori）對文章進行了事實查核，也抓出了一些錯誤。

如果可以的話，我想在這裡列出每一個聽我談論這本書的朋友，但我只能單獨列出幾個做出具體貢獻的人。麗芙卡・高勤（Rivka Galchen）向我透露了伽羅瓦的故事。吉帝恩・路易斯—克勞斯（Gideon Lewis-Kraus）提出了故事A／故事B模式。約翰・耶利米・蘇利文（John Jeremiah Sullivan）是最有趣也最麻煩的編輯，他為這本書的序提供了有用的素材。幾個朋友以各式各樣的方式幫我找到寫作的地方：克里斯・貝赫（Chris Beha）、里安・卡爾（Ryan Carr）、愛麗森・庫爾（Alison Cool）、威靈・大衛森（Willing Davidson）、迪爾德雷・福雷—孟德爾松（Deirdre Foley-

Mendelssohn）、拉菲爾・克羅爾・札伊迪（Rafil Kroll-Zaidi）、吉姆・納爾遜（Jim Nelson）。

在我報導與撰寫《期限效應》的期間，得到了幾個機構和研究金的支持。我很感激羅伯特・博因頓（Robert Boynton）和泰德・科諾弗（Ted Conover）給了我一個在紐約大學的亞瑟・L・卡特新聞學院的家。感謝紐約公共圖書館的梅蘭妮・C・洛凱（Melanie C. Locay）為我在弗雷德里克・路易斯・艾倫紀念室找到了一個位置，我在那裡寫了這本書的大部分內容。還有洛根非小說計畫的珊・史川費德（Zan Strumfeld）、卡利・威爾西（Carly Willsie）和喬許・費德曼（Josh Friedman）。洛根的研究金讓我提前完成了這本書，這對一個把截止期限當主題的人來說，看起來特別體面。

我衷心感謝書中提到的每一個人，感謝他們如此慷慨且深入地與我交談。還有讓我得以報導本書中每一個組織的幕後工作人員：蘿倫・安德森（Lauren Anderson）、莫妮卡・比迪克斯（Monica Biddix）、喬許・康斯坦丁（Josh Constine）、艾哈邁德・艾爾賽耶德（Ahmed Elsayed）、勞理・尤斯蒂斯（Laurie Eustis）、瑞秋・波圖切克（Rachel Potucek）和伊莉斯・賴曼（Elise Reinemann）。馬修・迪恩・馬爾許（Matthew Dean Marsh）和多明尼克・萊克（Dominic Lake）分別提供了關於音樂劇和時尚餐廳世界的有用背景知識。特別感謝南西・克拉克（Nancy Clark），她是世界上最好的泰勒瑞指南。

最後，我想感謝我的家人給予我的一生的支持：我的父母，蘇珊娜，湯米，以及我的六個兄弟姐妹。把我所有的愛獻給卡森和愛麗絲，你們每天都在激勵著我。最重要的是，敬喬琪亞，敬一切。

翻轉學 翻轉學系列 119

期限效應

逆轉死線帶來的焦慮和壓力，成為讓你更高效、更專注的助力

The Deadline Effect

作者	克里斯多夫．考克斯（Christopher Cox）
譯者	吳宜蓁
封面設計	張天薪
內文排版	顏麟驊
責任編輯	洪尚鈴
行銷企劃	蔡雨庭、黃安汝
出版一部總編輯	紀欣怡
出版者	采實文化事業股份有限公司
業務發行	張世明．林踏欣．林坤蓉．王貞玉
國際版權	施維真．王盈潔
印務採購	曾玉霞
會計行政	李韶婉．許俽瑀．張婕莛
法律顧問	第一國際法律事務所　余淑杏律師
電子信箱	acme@acmebook.com.tw
采實官網	www.acmebook.com.tw
采實臉書	www.facebook.com/acmebook01
ISBN	978-626-349-393-3
定價	400 元
初版一刷	2023年9月
劃撥帳號	50148859
劃撥戶名	采實文化事業股份有限公司
	104台北市中山區南京東路二段95號9樓
	電話：（02）2511-9798　傳真：（02）2571-3298

國家圖書館出版品預行編目資料

期限效應：逆轉死線帶來的焦慮和壓力，成為讓你更高效、更專注的助力／克里斯多夫．考克斯（Christopher Cox）著；吳宜蓁譯 .-- 初版 .-- 臺北市：采實文化，2023.09
304 面；14.8×21 公分 .--（翻轉學系列；119）
譯自：The deadline effect.
ISBN 978-626-349-393-3（平裝）
1. CST：時間管理　2. CST：工作效率　3. CST：職場成功法
494.01　　112012321

采實出版集團
ACME PUBLISHING GROUP

翻轉學

翻轉學